# テレビ芸能職人

香取俊介
箱石桂子 著

# テレビ芸能職人

朝日出版社

# はじめに

テレビの放送が始まって、すでに四七年、当初「電気紙芝居」などと揶揄《やゆ》されたのがまるで嘘のように、今やテレビは巨大な「モンスター」に成長した。このモンスターは、世相や流行を作りだし、世論に多大な影響を与え、経済ばかりでなく、政治をも左右するようになった。

その功罪はともかく、テレビは、画面に顔を出すアナウンサーやキャスター、役者、タレントばかりで成り立っているわけではない。むしろ、画面の裏で目立たない努力をつづけ、縁の下の力持ちとなっている裏方が、テレビを支えているといってもよいくらいだ。ところが、表方にくらべ、彼ら裏方に光が当たることはほとんどなく、待遇の面でも恵まれない。特に近年、放送機材が改善され技術のマニュアル化が進み、経費の削減等が叫ばれるなか、基本的にフリーという身分の裏方は、簡単にとりかえ可能な部品かなにかのように扱われることが多くなった。

表方のアナウンサーや役者などにもいえることだが、長年の修練や鍛練をへて磨きあげられた「職人芸」「職人技」が尊重されず、単に「若い」とか「美人」であるとか「話題性がある」という理由で重用される傾向がますます強くなっている。

要するに「プロの芸」が減り、「素人芸」が幅をきかせているのである。時間をかけて練り上げたもの、努力と鍛練の末に獲得した技量に対する軽視が、社会全体をエーテルのように覆っているのかもしれない。

テレビ芸能の世界も、この社会の空気にどっぷりつかっており、年季の入った職人芸の裏方は、ますます減る傾向にある。それは、そのまま、番組の質の低下につながっていく。大量生産されるお手軽なマニュアル住宅と、職人的な芸をもった大工の建てた建築物を比較すれば、そのちがいは明らかである。

もっとも、テレビ番組は芸術でも芸でもなんでもなく、大量に消費されるコンビニかなにかの商品のひとつにすぎず、お手軽なマニュアルもので結構、といってしまえば、それまでで、現に、その類の「素人芸」や「学芸会的な番組」も数多く作られている。しかし、一部ではあるが、手作りの良さを充分に発揮した味わい深い番組があることも、否定できない。

電気紙芝居にとどまっていればともかく、世論を動かし、国民の趣味や嗜好から考え方まで左右しかねないモンスターになってしまった以上、テレビは単に視聴率が稼げて、儲かれば、それで結構、なにを文句がある、と開き直っていていいものか。あらゆる分野に市場化の波が波及する時代であるし、デジタル化、多チャンネル化は必然の流れであり、プレイステーションなどの新しい機器も新規参入し、激しい競争がくりひろげられており、今あるテレビが今後とも繁栄をつづけられる保証はなにもない。

将来的に残っていくものは、やはり質の高い、プロならではの番組だろう。どんなに機器が進歩しようと、「職人芸」を無視し、切り捨てて、質の高いものができるはずがなく、現に宇宙ロケットの精密部品には日本の伝統的な「職人芸」が生かされている。

ここに登場願った人たちのほとんどは、「職人芸」という名に値する技能や見識、プライドといったものを持ち、限られた条件のなかで、光が当たらないながら創意工夫を凝らし、長年にわたって仕事をしてきた人たちである。

テレビに限らず、こういう職人気質や職人芸の持主たちが、日本を支えてきた。

しかし、バブル経済のころから、労せずして果実を得ようとする風潮が日本社会に蔓延し、職人気質の人間は、まるで過去の遺物のように見られるようになった。前述したように、今なお若者を中心に、その後遺症ともいうべきものが日本社会を覆っていて、職人に対する評価はあまり高くない。

そもそも職人の仕事は、労の多いわりに、果実がそう簡単に手に入らないものである。日々の地道な努力と研鑽《けんさん》、忍耐によってしか獲得できない職人芸。今後、こういう職人気質の持主が減っていくとしたら、テレビばかりでなく日本社会の前途は、暗い。

ただ漫然とテレビを見るのも結構だが、一見華やかなテレビ画面の裏で、こういう職人芸の持主が働いている事実を知ることで、テレビの見方に、多少でも変化が生まれるのではないか。

時代劇を例にとれば、役者の帯の締め方やチャンバラの仕方、長屋のたたずまいや調度品、手にした提灯や脇差、月明かりの照明、眉のひきぐあい、剣劇の音などのひとつひとつに、職人的な裏方がかかわり、役者の演技や演出を影で支えている。さらに、華麗なカースタントや爆発、走る列車からのカメラワーク、鳥の声、食卓に並べられた料理、アニメの背景画、ビルを踏み倒す怪獣の特撮、美しい映像にかさなる音楽…等々。ワンカット、ワンシーンの細部に、長年の修練をへたプロがかかわり、表方を引き立てているのである。

ここに登場願った十五人は、裏方のごく一握りの人たちであり、同じ職種の職人でも、人が替われば、またちがった仕事ぶり、ちがった見方をもっているひともいるであろう。しかし、少なくとも、この十五人が巨大な怪物に成長したテレビというメディアの、一翼を担っている人々であることは、まちがいない。

スターや監督、プロデューサーなどの声は、比較的、視聴者に触れやすいが、裏方の声は、たいていスタッフルームや飲み屋などでしかきこえてこないし、番組にもほとんど反映されない。しかし、じつは彼ら裏方こそが、テレビの重要な担い手であり、柱であるのではないか。

そして、光が当たらず、それほど恵まれなくとも、なお「好きだから」「こだわりたいから」という一点で、彼らは、職人仕事に精をだす。本書では彼らの仕事の内容や仕事ぶりとともに、彼らがどういう経路をへて、この仕事につくに至ったかについても触れることにした。

十五人の中には、テレビ創世期からかかわった人が多く、テレビの「裏面史」にも通じ、他にかけがえのない「人間ドラマ」の持主もいる。紙幅の関係で、ごく一部しか伝えられないのは残念だが、それはまた別の形で触れたい。

いずれにしても、一般のテレビ視聴者はもちろん、これからテレビにかかわろうとする若者や、ビジネス関係者、そしてテレビ関係者などにも、ぜひ、読んでいただきたいものである。そして、現場から漏れてくる彼らの声に真摯に耳をかたむけ、モンスターとなってしまったテレビという巨大なメディアについて、あらためて考えるうえでの素材にしていただけたら、幸いである。

# テレビ芸能職人　目次

# 1

## 照　明

# 女優の顔も千変万化

遠藤克己

スポットライトで目立たせるという効果もありますが、基本的にライティングしていることがわからない、ライトや光源を感じさせないことです。自然にドラマのディテールを作ることが、一番いいライティングだと思うんです。

## ライティングで女優はきれいになる

「遠藤さんじゃないと仕事やらないわよ、という女優さんもいるくらいです」

とは、あるプロデューサーの遠藤評である。

一人や二人ではなく、一度一緒に仕事をして、遠藤ファンになった女優は多いという。

女優をいかにきれいに見せるかは、照明マンが気を配ることのひとつだが、女優のほうも、いつもがいつも万全の体調では臨めない。若いうちはまだいいが、ある程度の年齢になると、つやもなくなるし、たるみもしわも出る。かといって、そのまま映っては困る。

年齢や女性特有の体調の変化を、ライティングでどうカバーするか、そこが照明マンの腕の見せどころでもある。一方、自分の顔や表情がどう映るかは、女優として切実な問題であり、自ら体調の変化を申し出る女優も多い。例えば、秋吉久美子は「女ですから」というような口調で、池上季実子は「今日から生理なの、もうだめ。お任せしますね」とはっきりいうらしい。

「そういうときは、特別、念入りに時間をかけてライティングします。テレビの場合は、画面いっぱいに顔のアップですからね。市原悦子さんが嘆いておられたんですが、『この間、カポック（反射板）に囲まれてお芝居ができないの。動きが取れないほどライトを当てられて、じゃがいもみたいに映っているんですよ。あれ、どういうことですか』と。そのドラマを見ていないので、どの程度かわからないんですが」

市原悦子も遠藤ファンの一人だときく。レフ板やカポックで顔に光を反射させるのはいいが、じゃがいもはちょっとひどいのではないか。良くも悪くも、ライティングによって映り方が大きく左右されることを、ベテラン女優ならよくわかっている。だから、どの照明マンにしてほしいかが重要になってくる。

遠藤さんは、まず、どこからライトを当てれば、その女優が一番魅力的に映るかを探る。気分のいいように雰囲気を作り、のってきた瞬間に本番にいけるように準備をしておく。のってきたなと思った瞬間に、ライティングで待たせては、最高のタイミングを逃してしまうからだ。当たり前のように聞こえるが、すべての照明マンがそこまで配慮しているとはいえないだろう。

「ベテラン女優の方々は、どの位置にライトがくると自分が良く映るか、よくご存じですから、うまくいくと気分がいいんです。モニターを見ればわかりますね。若い女優さんはお任せですよ。まだ照明を知りませんから。もちろん、女優さんだけきれいに見せて、全体の流れに違和感が出ちゃいかんです。それでは媚びへつらいになると思うんです。あくまでも作品の流れにそったなかで、紗を入れてみたり…ということであってね」

あるプロダクションから、ビデオを一本撮るのに、「カメラが回っている間だけしかギャラを払わない。それがいやなら、他に照明マンはいくらでもいるから早く返事をくれ」といわれて、むっとしてその仕事を降りたことがある。遠藤さんはそういう仕事のやり方をしない。念入りに下準備したり、最後まで責任を持つから、拘束期間は何倍にもなる。それっきりだと思っていたが、しばらくして、そのプロダクションから電話があった。

「ある女優を使って、ライティングで大モメになったらしいんです。女優さんが泣き叫んで。『恥ずかしいんですけれども、こういうことがあったのでお願いします』といってきたので、『できることはしますよ』とやってみたら、その女優さんは気持ちもOKで、何でもなかった。『また、やりましょうね』と。それから、態度がガラリと変わりました」

今はモニターがあるので、どう映るかがすぐわかる。女優の機嫌もすぐわかる。

以前は撮影に入る前にカメラテストがあり、カメラの性能やドーランの発色などを、必ずテストしてから撮影に入ったものである。カメラテストをしなくなって初めて、藤純子（冨士純子）が撮影に入ったときのエピソードを披露してもらった。

「藤さんと現場でお会いして、『カメラテストをせずに本番に入りますけど、上から照明を当ててみればわかりますから、気になる所があったら自己申告してください』というと、『お任せします』と。一日目はカットの感じをモニターで見に来られたんですが、二日目からはモニターも見ないんです。ぼくも『わかりました』と。そうかと思うと、ある女優のマネージャーは、『うちの△△は隈《くま》が出るので、消してください』というんです。『できる限りのことはしますよ』『できる限りじゃ困るんです』と。そういう人もいますよ」

いったん預けたら任せるという潔さは小気味いいが、それはあくまでもプロに対する尊敬と信頼のうえに成り立っている。「お任せします」は「信頼してますよ」ということだろう。その信頼に応えなければいけない。責任重大だが、嬉しくもある。

ところで、隈はライティングで消せるのか。

「できる限りのことは…（笑）。『また、お願いしますね』といってもらえるくらいにはできますけれども」

女優ばかりでは不公平なので、男優の場合のライティングをきいてみた。

「映っていればいいいんじゃないですか（笑）。男性の場合、あまりしょっちゅう髪型を直しすぎたりすると違和感があるでしょう。自然でいいと思うんです」

半ば冗談かもしれないが、やっぱり、ちょっと不公平かもしれない。

## セットの上の「舟」に乗るまで三年

遠藤さんは昭和十七年（一九四二）、千葉県の外房に生まれた。高校卒業後、兄の知り合いで日活の衣装部にいる人から、日活でスタッフを募集しているときき、受けてみたら合格した。撮影や録音にも空きがあったが、衣装部の人の親友が照明部におり、面倒を見てくれるように遠藤さんを託した。照明マンとして、のちの四十年近くを生きることになるのは、このときの神の采配による。

遠藤さんが入社して初めてついた作品は、石原裕次郎と芦川いづみが主演した、滝沢英輔監督の『あじさいの歌』だった。昭和三十年代半ば、石原裕次郎が人気絶頂のころである。仕事は、照明のトップである照明技師の椅子と水を運ぶ係である。

「当時の映画界は完璧な縦割り社会ですから、技師は神様みたいな存在です。カメラの傍に撮影技師と照明技師が座るので、すぐ椅子を置いて、食堂や裏に行って氷を割って、氷水を作って持っていったんです。たぶん、前夜の酒を抜くためだったと思いますよ」

照明助手といっても、ランクがある。チーフ、セカンド、サードまでが地上におり、フォースはセットの上に吊す荷重に上がる。映画では俗に「舟」と呼ばれ、テレビでは「バトン」と呼ばれているものだ。さらにフォースの下に下働きがいて、入りたてのころの遠藤さんのように、椅子や水を運ぶのはこの下働きである。当時の日活には照明部に約一二〇人いて、一編につきカラーで十二人くらい、白黒で八人くらいがチームを組んだ。技師も十何人かいて、十チームを組めたというから、かなりの大所帯だった。一緒に組んだことがなければ、誰が先輩で誰が後輩かわからない。

撮影が九時開始なら、助手たちが入るのは一時間前。新しいセットに入ると、セットのどの場所からでもライトが取れるように配線し、機材の準備をして、先輩たちが使うボール紙やパラフィンを切ったり、大きさを揃えて用意しておく。セットの上には一辺二間の角材でできた荷重を吊し、そこにライトを上げて、だいたい四人のフォースが乗って操る。

「テレビの『バトン』は、ライトを棒で動かしたり、大ざっぱになりますけど、『舟』には人間が乗っていますから、微妙な顔の漏れでも、人の手ですぐ細かい細工ができるんですよ。そこがテレビと映画の大きなちがいですね」

この「舟」に乗るまでが三年かかる。つまり、氷水を作りつづけるわけである。舟に上がって初めて、自分でライトを点けられるが、そのライトも正面のライトではなく、上から後をつけるライト、頭から当てて輪郭を出すライトなどで、舟の上で五、六年、動き回っているうちに、全体のライティングがわかるようになるという。舟から降りて、正面からのライトを扱い、給料も良くなるのが、花のセカンドと呼ばれるころからである。

「ぼくもフォースになるまで三年、下働きをやりました。ちなみに給料は六千円かな。三か月たって、一作品につき担当報酬が三千円つくようになりましたが、年十本がせいぜいですし、一割引かれますから厳しかったですね。当時の高卒で八千円～一万二千円くらいでしたから。初めは保証人の衣装部の方の家にやっかいになって、その後も、家賃を一人じゃ払えませんから、四畳半に同期や同級生と二人で住んだり。結局、みんなやめて残ったのは一人、つまりぼくだけです。食えないことは食えないけど、やめる気はなかったですね。これしかなかったというか、親や回りの影響もあるかもしれませんが、いったんついたら、職業は変えるものじゃないと思っていましたから」

遠藤さんの年代ですらそうなのだから、今は給料が少ないとか、徒弟制度に耐えられないとか、その仕事に向いていないとか、簡単にやめてしまう若者は多い。「最近の若者は…」という言葉は大昔からあったにちがいないが、我慢のレベルは確実に下がっているだろう。

だいたい、その職業に向いているかいないかなど、一年や二年でわかるとも思えない。職業を変えれば変えるほど、永遠に一人前になれないではないか。

## 何度も読み返した初めての台本

テレビの照明に移行したのは、映画が斜陽になり始めた昭和四三、四年、遠藤さんがようやく荷重の長（フォースのトップ）になったころだった。日活がまだ分解する前で、本人の希望ではなく、たまたまテレビのスタッフとして引き抜かれたのである。

「なんで自分がテレビに…と、不本意だったんですよ。向こうは重宝だったんでしょうけど。撮る映画の本数も減ってきて、社内で配置転換があったり、先見の明がある人は見切りをつけたり。仲のいい先輩がやめたときはかなりショックでした」

しかも、テレビは一本一本の作品契約制で、基本給もなかった。仕事のないときは無収入である。ただ、このまま映画をやりつづけていても、映画は衰退していくかもしれない。照明技師になれるかどうかもわからない。テレビはまだ十六ミリフィルムの時代で、やり方は変わらないから、そこで技師になることもできる…そう思い直した。

映画とちがってテレビは予算も人数も少なく、それまで十二人でやっていた仕事を四人でこなすのである。荷重は一人で四人分働くことになり、仕事量は増えるし、それだけ一人の責任も重くなる。ところが、それは遠藤さんにとっては喜びだった。

「上の人のライトも全部、自分ひとりで動かせるわけですから、生きがいを感じたのを覚えています。撮ったものをラッシュで見て、あのライトは角度がどうだとか。それまでは運ぶだけで、後は先輩がやってましたから、参加しているという思いがひしひしと湧いてきて。一番感動したのは、自分の台本をもらえたことですね。映画では自分の台本はサードまで、よくてフォースのトップまでしかもらえない、下っ端はそれを回し読みです。テレビで初めて台本をもらったときは、もう、嬉しくて、何度も何度も読み返しましたよ」

テレビも含めて日活には十二年いた。三船（敏郎）プロに移ったのが昭和四七年、遠藤さんは三十歳になっていた。ここで、二度目の転機が訪れた。これまでとまったくちがう時代劇というジャンルをそれから十数年、手がけることになる。入社して一年、映画にいる先輩たちがまだサード、セカンドだったころ、遠藤さんはお先に待望の照明技師になった。技師としての初登板は、テレビ朝日の『大江戸捜査網』である。

「主演は杉良太郎、里見浩太朗、松方弘樹と変わっていって、三〇〇本近くやりました。十数年、土日を休んだことが、まずなかったですね。その間、映画の『戦国自衛隊』で半年ほど抜けたくらいです。それ以外はずっとです。テレビでニッサンのコマーシャルが始まると、うちの子供たちはこれで育ったんだなァと思いますよ」

『水戸黄門』『桃太郎侍』『暴れん坊将軍』、そして『大江戸捜査網』と挙げてみると、時代劇は人気があり、長寿番組の多いことがわかる。テレビにも手を伸ばし、ロマンポルノも手がけた日活が、時代劇を撮ったことはなかったのだろうか。

「川島雄三監督の『幕末太陽伝』は時代劇でしたね。普通は東宝だと喜劇、松竹だとメロドラマとか、ある程度パターンがあるんですが、日活は何でもやったんですよ。『戦争と人間』からポルノまで作る会社ですから。ロマンポルノですか、ぼくは一本もやってません」

一人前の照明技師となった三船プロでは、いい出会いがあり、独特のやり方を学んだ。

三船プロというところは、自分たちが作ったものを全部、スタッフ全員で見る。それを何百本もやっていると、今まで何十キロもする大きなライトを上げていたのを、角度を変えれば小さなライトでも同じ効果がでるんじゃないか、と発想を変えたり、みんなで工夫することができた。とにかく、自分のパートにこだわらず全員がよく動いたという。

「九時開始といえば、九時スタンバイなんです。最近のようにスタッフが現場に行って、タレントを迎えて、『お待ちしておりました。こちらでございます』なんて、媚びへつらったり絶対しないんです。三船さん自身も、お付をつけずに自分で手甲脚半をつけて、刀を取って、『待つのは商売だ、いくら待たせても、いい仕事をするためなら、ずっと待っています』と。今の俳優はとてもできない。というのは、必ずしも偉そうにしているとかいうことじゃなく、時間単位で来てるでしょう。何時までしか使えないとかね」

三船プロには、上下の枠なしに二百人くらいが集まって酒盛りをする『ビール祭り』という催しがあり、そういうパートを越えた輪を大切にしていた。仕事をするときは殴り合いもあったが、相手の失敗を許す輪ではなく、お互いに切瑳琢磨する輪ができていた。いいものを作るための輪、いいスタッフが育つ土壌、それが三船プロにはあったという。

「照明は特に撮影と密接な関係があるんですが、あのころに、いいカメラマンとも巡り合いました。東宝の稲垣(浩)組のメインカメラマン、山田一夫さん。それと黒澤(明)組のメインカメラマン、斎藤孝雄さん。ものの作り方、絵の作り方を学びましたね」

三船プロには十二年いて、『荒野の素浪人』など時代劇のほかに、後半は二時間ドラマも手がけた。フリーになったのは昭和六十年ごろ、初めは知り合いの数人の監督、カメラマンのほかはまったく外の世界を知らず、年に三本くらいしか仕事がなかったらしい。

「女房が仕事をしていましたから、なんとか食えましたけど」

それからまた十数年、あちこちから遠藤コールのかかる現在、雲の上の存在だった照明技師になっても、昔とはずいぶんちがうように思える。

「そうですね。昔の技師さんはハイヤーで銀座へ送り迎えでしたが、わたしはいまだに機材を車に積んで、自分で運転して運ぶわけです」

## 名カメラマンとの出逢い

最近、テレビドラマを見ていても、朝なのか、夕方なのか、夜なのかよくわからない。時代劇なら、例えば江戸時代の夜の闇は、人や物を判別できるほど明るかったのだろうか。朝靄に光が射したときの情景は、もっと微妙な光と影を作りだしていたのではないか。いずれにしても、全体にメリハリのない映像が多くなったように思う。

「この間も、『暗い』といわれたので、じゃ、どこが暗いんですかときくと、向こうは答えられないんです。ただ、データで暗いと。暗いのは次のシーンのための暗さであって、物語を考えたら、暗いわけじゃないんです。視聴率を上げるためには、明るくすればいいと。もの作りの姿勢じゃないでしょう。でも、データ的には、コマーシャルのどの場面、ドラマのどの場面、誰が出たときに視聴率が良い悪い、というのが出るんでしょうね。時代劇をやっているときも、よく暗いといわれましたよ」

テレビがすべてそうだとはいわない。最近では少なくなったものの、光と影のコントラストが絶妙な映像美を目にして、画面に引きつけられることもある。データ的にいえば、真っ暗かもしれないが…。ある監督の操る光と影を思い浮かべながら、その話を向けようとすると、遠藤さんの口から出た名前は、ずばりその人だった。

「工藤栄一さんの映像が、まさしくそうです。こちらからお願いして、仕事をしましたよ。最初は

『太平洋ベビー』という作品で、照明については何もいわなかったんですね。二回目に仕事をしたときは、『遠藤ちゃん、今日の夜間ロケはライト二台でお願い』と。地面をサアッと濡らして、向こうから車が来る、一人の女の子をフレームぎりぎりで追うんです。ライト二台だけですから、こちらも一緒に移動しながら。やったな！という絵作りでした」

工藤栄一といえば、昭和三六年封切りの『十三人の刺客』以降、かつての時代劇らしからぬクールな演出で、映画ファンを魅了する特異な映画監督である。テレビでも、『必殺シリーズ』で監督を務めており、明らかに他と一線を画する工藤ワールドを見せつけた。そのときの映像表現の幾つかを、友人たちと話題にした記憶があるから、嬉しい衝撃を受けたのは筆者だけではないはずである。

「きちっとセットができていないと、絶対に始まらないです。工藤さんは『これがありません』『しょうがないな』というのはない。その代わり、撮り始めたら早いんです。仕事がしやすいですね。工藤さんの場合は、フレームをつくって役者を動かせる。今の若い監督は、芝居がつけられない人も多い。一字一句まちがえずにやってくれたら、『はい、結構です。ありがとうございました』と、スケジュールに従って台本を置き換えているだけではね。ものをふくらませることと、ただ消化するだけくらいの差がありますよ」

とにかく目の付け所がちがう、と大の男が手放しの誉めようである。魅力的な人間に巡り合えることは、どれほど幸せなことだろう。

「雨が降ったら、いきなり『今日は中止!』と、キムチ鍋を作るんですよ。『おい、肉を買ってこい!』とかね。現場でもそうですが、終わった後ですね、もっと勉強になるのは。工藤さんは社会情勢から、日本の歴史や文化から、昔のことから、何でも知ってますね。生き字引ですよ。本当に引きつけられる人です。酒も強いですけど。飲んでいたら、隣のアンちゃんと延々けんかはするし、やんちゃ坊主がそのまま大人になったという感じですね。もう、最高ですよ。三船プロで一緒に時代劇をやっていた斎藤光正という監督がいて、発想がすばらしいんですけど、彼以来ですね、工藤さんは」

その斎藤光正監督の『戦国自衛隊』は、遠藤さんがこれまで手がけたなかで、最も印象的な作品である。ライティングで苦労することのひとつに、同じシーンでロケとスタジオのトーンをつなぐことがあるが、この作品もその例に漏れなかった。

「箱根のオープンセットで大きな寺院を造って、それをそのままスタジオのセットに持ち込んだんです。合戦の場面で最後は火を放つんですが、その日はたまたま曇っていたので、セットにいかにうまくつなげるかが課題でした。外はデイライトという蛍光灯のような白い光、中はタングステンでロウソクのような赤い光で撮るわけですから、勘しかないんです。それを違和感なくできたのが印象的でしたね。助手さんたちも、よくやってくれました」

遠藤さんはどういうライティングを理想としているのだろう。

「スポットライトで目立たせるという効果もありますが、基本的にライティングしていることがわからない、ライトや光源を感じさせないことです。自然にドラマのディテールを作ることが、一番いいライティングだと思うんです」

気心の知れたカメラマンとの連係プレーも重要である。馴れ合いにならない程度に、このシーンはここが狙い目だからとか、このフィルターでいこうとか、まったく知らない人よりは、ある程度一緒にやっているカメラマンのほうが、お互いにやりやすい。監督からもカメラマンと照明マンのコンビで仕事を依頼されることが多いそうである。

## 気配り、礼儀も技術の内

遠藤さんにとって、やりたい仕事かどうか、判断する決め手は監督である。どういう役者が出るかは関係ないし、その役者だから、いい作品になるとも思えない。その作品に合った役者なら、売れていない人でもいいと思っている。最近のテレビドラマは、作品の内容ではなく、少しでも人気のあるタレントや俳優を揃えることに汲々としているのではないか。

「ある局なんて、ここからこの期間、この俳優は押さえてあるから、ドラマを作ろうという発想ですよ。視聴率が十七％いけば作るし、十六％なら作らない。そういう俳優がテストのとき、台本を持ってきて、その場で覚えて台詞をしゃべれば終わり。タレントで結構、芸なんか関係ない、売れているうちが花、だめなら商売替えすりゃいいと。親や兄弟が俳優だから出てくるというのもねえ。その一方で、台本もなしに自分の台詞はもちろん、ストーリーも相手の台詞もすべて頭に入っている役者もいます。一生懸命、演技の勉強をしてきた人がまったく食えなかったり。一体どうなっているんだろうと、現場ですごく感じますよ」

役者だけではなく、照明など制作スタッフも人材が育ちにくい。二週間なら二週間だけ集まって、後はまた散るという繰り返しで、お互いに名前も覚えられないことすら多い。遠藤さんは、次の世代を育てることにもさりげなく力を尽くす。遠藤さんの助手につくと、順に照明技師に育って、独立すると、また新しい助手がついて育っていく。

「仕事に対する意識が、われわれが育ってきた時代とちがいますね。最初に教えるのは、まず、挨拶ですよ。これがなかなかできない。普通は家庭で教えて世に出すものなんですが。一般のお宅を撮影で借りることも多いですよね。一軒だけでなく、カメラを引かないと撮れないこともあるので、隣の家の庭にも侵入する。その挨拶回りを怠ったり、ロケ隊が帰ると吸い殻がいっぱい落ちていたり、せめてもう少し常識ある行動をしなくちゃいけない。皆さんの犠牲のうえに成り立っているんです、われわれの商売は。それをしつけるというか、取り締まる人間がいないんですよ。みんな寄せ集めですから。役者の出しがあるからと、一か所が終わると後片づけもしないで帰ってしまったり。一番気にかかるのはそのことですね」

ロケで東北を訪れたとき、日本たんぽぽが一面に咲いていた。昼休み、駆け出しの助監督が弁当を持って、急いでいたのか、たんぽぽを踏みつけていった。それを遠藤さんは怒鳴った。平気でそういうことをしてしまうから、人の家でも礼儀を忘れるのだと、遠藤さんはいう。花が咲いていたら、せめて目を留める時間と余裕がほしい。少なくとも、もの作りに携わる人間なら…。

遠藤さんの心のゆとりは、焚き火と花から生まれる。

「撮影でも、火をおこすのは、人に任せないんですよ。小さいころから風呂を沸かしたり、芋を蒸したりするのが好きで。焚き火というのは、木によって炎の色や煙の色、匂いがちがうんですよね。見ていると落ち着くというか、飽きないんです。こういう炎の色を出してみたいなと思うんです。火というのはライティング、明かりに通じるんですかね」

また、花が好きで、庭には一年中草花を絶やしたことがない。

「実は今日はバイクなんです。後ろに花ばさみが入っていて。うちの庭につるばらが一本あって、千個くらい花が咲いていたんです。オレンジみたいな肌色みたいな、何ともいえない色で。それに花喰い虫が三匹ついて、あっという間に枯れたんです。それで花屋から深大寺の植物公園から捜したんですけど、同じ花がなかった。この間、バイクで代々木あたりを通ったら、その色の花が咲いている家があって、まさかと思ったんですが、同じ花なんです。気がついたら、その家の玄関のチャイムをピンポン押してたんです。ステテコのおじさんが出てきました。挿し木にしたいので枝を分けていただけないかと事情を話して、もし、この枝が枯れたら、もう一度、実のなるころに来ますからと。今日、これから寄ろうかなと思っているんです」

二回目のつるばらの挿し木は根づいただろうか。

テレビの金田一耕助シリーズで『獄門島』を撮ったときのエピソードも遠藤さんらしい。一緒に仕事をしたプロデューサーによれば、照明の仕事の範囲を超えて、いつも助け船を出してくれるという。

「獄門島にふさわしい島を探していたら、遠藤さんは仕事の合間を縫って、出身の千葉の友達に船を出してもらってビデオを撮ったり、うちのスタッフを自分の家に泊めたり、ロケでは、お昼の弁当も電話一本で友達に頼んで差し入れしてくれる、そういう人なんです。それもさりげなくて、あとで遠藤さんだったのかと気づくんですよ。なかなかそういう人はいませんよ。助けられるばかりではなく、若いスタッフは学んでほしいですね。技術だけでなく、人柄も含めて、引っ張りだこですよ」

今の若者は指示待ち人間だといわれるが、自分の仕事が終われば休んでいるようでは、そうなれるはずもない。遠藤さんにとっては特に珍しいことではないのか、当たり前のようにこうつけ加えた。

「その作品が良くなるためなら、先に段取りして調べたり、次の現場はどこだとわかっていますから、先に出発して準備をしておくとか、そういうこともすべて技術だと思うんですよ。機材もコンパクトに改良して、時間をかけず動かしやすいようにしておきます」

子供は親の背中を見て育つというが、遠藤さんの背中を見て育った弟子たちは、照明技師としての技術だけでなく、人間としての礼儀と心意気を受け継ぐだろう。

掌の温かみが伝わるような人柄は、握手をしなくてもわかる気がする。

「いったんついたら、職業は変えるものじゃない」という遠藤さんの言葉が胸に響いた。

# 2

## 記録

# 『時間ですよ』がドラマとの出会い

原田靖子

大勢の個性ある人たちと一緒にやる仕事ですから、協調性が一番大事ですね。だから、個性的な人、自意識の強い人は、向いていないと思います。自分がなにかを主張したり、どうこうしたいという仕事ではないですから。人と人の間をとっていく仕事で、気配りが必要だし、そのうえ、緻密さを求められます。

## 道楽で始めた仕事

テレビドラマをあまり見ないという人でも、昭和四十年代の半ば『時間ですよ』というホームドラマが放送され、茶の間の話題をよんだことを、記憶にとどめている人は多いのではないか。下町の銭湯を舞台に展開される人情ドラマで、銭湯の経営者夫婦に森光子と船越英二、従業員に堺正章と樹木希林（当時は悠木千帆）といった芸達者を配し、久世光彦のユニークな演出もあって、テレビドラマの世界に新風を吹き込んだ。

このドラマから、篠ひろ子や浅田美代子など何人もの人気役者が育った。脚本家についても、例えば向田邦子など、ここを舞台に大きく育っていった。原田靖子さんも、この番組を足場にして、記録という職業を確立していった。

「テレビのピークというか、一番いい時代に出会ったんです。ドラマのTBSといわれた時代で、久世さんのほか、大山勝美さんとか、高橋一郎さん、鴨下信一さんなど、そうそうたる演出家が、競ってユニークなドラマをつくっていたときで、現場にはとにかく活気があって、面白かったですね」

と原田さんは、往時を懐古するように語る。

今も、TBSの看板ドラマである『金ドラ』や『東芝日曜劇場』などで記録をつとめている。仕事がら、ドラマの中枢ともいうべき演出家やプロデューサーと密接にからむことが多く、そのためドラマ制作の裏も表も知り抜いており、さり気なく語る言葉は、卓見に満ちている。

「映画とはちがって、テレビって、息が見えるんですよ。息が感じられるんですよ。向田さんが話してらしたんですけど、脚本を書くってことは、シャワーをあびながら、なんかオシッコをするみたいな、そして、それを人に見られているような、なんだか恥ずかしいことだって。いつも、そういう恥ずかしい思いをして書いているんだって。ところが、今の若い人には、そういう羞恥心というか恥じらいがない。それが、今の若い脚本家のつまらなさに通じているんじゃないか。わたしは、いつも若い脚本家にいうんですけど、向田さんの言葉は象徴的です。そういう気持ちで書いている脚本家なんて、今はあまりいないですね。特に女の脚本家が増えているわりに、ほんとにいないですね。あけすけっていうか、それも悪くはないんでしょうけど——」

記録という仕事は、もともと「道楽」で始めたので、今は少しひいた姿勢をとっていると原田さんはいうが、小柄な体の底には、まだまだ溢れんばかりのエネルギーが宿っているようだ。クールで、しかも情熱的。「団塊の世代」「全共闘世代」ときいて、なんとなく納得できるような気がした。

ところで、記録という仕事だが、ドラマの場合、映画のスクリプターなどと同様、きわめて細かいことに注意をむけながら、制作の始めから終わりまで、かかわりをもつ。

ドラマ制作の現場では、撮影の場所や役者のスケジュールなど、じつにさまざまな条件を考慮にいれて収録スケジュールが組まれ、演出家のコンテ（カット割り）に従って、効率よく収録されていく。そのため、例えば五シーンを先に撮り、つぎに三シーンを撮り、さらに三十シーンを撮るといったことが行われる。NGもあれば、リテイクもあり、何巻にも収録されたテープには、前後に錯綜したシーンやカットが入っており、そのままでは、まったく使いものにならない。台本などに細かく記した記録に従って、それらバラバラのシーンやカットを編集して、ひとつの統一した流れにまとめて、初めて作品の形をとることになる。

記録は、いわば交通整理や調整の役割を果たす仕事で、ワンシーン、ワンカットの時間や、人物のサイズ、動き、昼夜の別、役者のアクションや台詞、小道具や衣裳のつながり、演出家のだめだし、オーケー・シーン等々を細かく記録する。これらは、編集作業にとって、貴重な「心覚え」ともなる。従って、記録は、演出家に付き添い、台本を読み込み、およその時間を計算したりする他、衣裳合わせなどにもつきあい、収録時、演出家のどんな質問にも即答できるように、細々したことに気を配り、準備をしておく。ドラマの最初から最後までつきあうことになり、目立たないが、極めて重要な仕事である。

テレビ局や制作会社によって名称は、微妙にちがっているようだ。

タイムキーパーともいうし、スクリプター、あるいは編集ともいう。ワイドショーやニュース番組、バラエティ番組などでは、タイムキーパーが一般的であり、テレビ映画ではスクリプターという用語が使われている。

「タイムキーパーというのは、アメリカからきたんですね。生番組とかバラエティなどで、時間を放送の枠内にいれる作業です。ワイドショーなどの生放送では、いろんな要素がからんできますから、時間が巻いたり（早くなる）押してきたり（遅くなる）して変わってきますよね。それを調整していくんですけど、臨機応変に、このコーナーをカットして次にいくとか、時間の流れを常に把握してディレクターに伝えていくわけです。ディレクターが若くて経験が浅い人だと、ベテランのタイムキーパーが、ここはカットとかいって、時間の調整をしたりします。朝のワイドショーなんかだと、いろんなところから生中継が入ってきて、そのうえVTRもいっぱいあって、さらにコマーシャルもあります。それを瞬間、瞬間に、さばいていくには、それはそれで特殊な才能が必要なんですけど。ドラマは、ちょっとちがいます」

むしろ、映画に近い。映画は、普通一台のカメラでワンカットずつカット撮りしていくのに対して、テレビドラマでは四台から五台のカメラで、つづけて何カットも撮るというちがいはあるが。

「ただ、ロケになると、カット撮りになり、映画のスクリプターと同じ仕事になります。大きなちがいは、映画は、撮影が終われば、あとは編集マンに渡し、それで終わりですが、わたしたちは、編集まで全部つきあって、あげくに局制作なんかだと、放送するときのコンピューターにいれるフォーマットに記入して、放送を送出する部署にもっていくようなこともするわけですよ」

原田さんは、自分のかかわった作品の場合、たいてい最後の仕上げまでつきあってきたが、責任が増える一方だった。

「でも、外部の人間だし、責任を負える立場ではないんで、今は、放送の最終的なチェックは、社員にやってもらうようにしています」

ロケなどに出ると、拘束時間は長くなるし、とにかく記憶力、集中力を必要とする。常に演出家の側にいるため、ときに演出家から相談を受けたり、他のスタッフとの調整役にまわったりして、忙しく、気が抜けない。好きでなければできない仕事である。

原田さんは、現在、VSOというTBSの子会社に所属している。しかし、意識のうえではフリーランスだし、勤務の形態もフリーランスに限りなく近い。なぜ会社に所属する形をとらなければならなかったかは後述するとして、どういう経緯をへて、記録という仕事につくようになったのか。

## ドラマの面白さを教えてくれた久世光彦

取材したとき、原田さんは『東芝日曜劇場』の『大人の男』の記録をやっていたが、このドラマの脚本を書いている大石静は、原田さんの大学の後輩だという。

生まれたのは昭和二三年。父親はサラリーマンで、弟が一人いる。中学・高校と日本女子大の付属に通い、そのままエスカレーター式に日本女子大に入った。家政学部の経済学科に籍をおいたものの、高校時代は演劇部に熱中。大学に入ってから放送研究会に所属し、ラジオドラマを書いたりした。

「わたしの師匠は、すでに亡くなられましたけど、伊藤海彦なんです。伊藤先生は、鎌倉に住んでらしたので、学生時代、いろんな所につれていってもらったりしてました。わたしも、先生みたいにラジオドラマを書きたかったんですけど、お前には長編を書く才能がないといわれたんです」

伊藤海彦は、戦後、数々のラジオドラマの名作を書いた人で、詩人でもあった。

尊敬する師に、短いもののほうが向くといわれ、原田さんは、それならコピーライターが合っていると思い、放送作家協会がやっていたCM教室に通うことにした。

「大学に行きながら通ったんですけど、講師として、企業の宣伝部の人とかデザイナーとか、第一線で活躍している人が来てたんです。イエイエとかハッパフミフミなどというテレビ・コマーシャルが流行ったことがありますけど、そういうのを作った人とか」

講師の一人に博報堂の幹部社員がいて、原田さんに目をかけてくれた。

東京オリンピックが終わって間もないころで、日本は経済成長のまっただなかにあった。広告界も若い才能を必要としていたのだろう、原田さんは学生でありながら、当時、新宿に開店したばかりの京王百貨店のコマーシャルを担当させてもらった。

「博報堂の人にマンツーマンで教えてもらったんです。局は、NET（テレビ朝日の前身）でした。学生だとさしさわりがあるので、身分を伏せて、営業の人と一緒にクライアントと会ったり、局に行ったりしてました。京王百貨店は高島屋から別れてできたばかりのデパートで、面白い人がたくさんいて、とっても楽しかった。でも、わたしが博報堂の偉い人と一緒にやっているということで、女性社員の顰蹙《ひんしゅく》を買って、結局、やめざるを得なくなってしまったんです」

すでに大学を卒業し、将来どんなことをしようかと迷っていた原田さんのもとに、知り合いから、タイムキーパーをやってみないかと声がかかった。フジテレビの音楽番組だった。

「ちょうど、フジが組合問題もからんで、制作を全部プロダクション化したときでした。当時、タイムキーパーの専門職を使っていたのは、TBSとフジだったんです。NHKや日本テレビは、ADがやってましたね。フジは短大卒や高卒の女性を補助職として採用していて、そういう人たちがタイムキーパーをやってたんです。ADは学生アルバイトでした。余談ですけど、そんな学生アルバイトの中から社員になった人がたくさんいて、今、フジの中堅になっています。プロダクション制作になったとき、共同テレビジョンとか大きなプロダクションには、補助職だった女の人が、そのままタイムキーパーとして行ったんですけど、小さなプロダクションには行く人がいなくて、それで、わたしに声がかかってきたんです」

原田さんは、本当はドラマをやりたかったが、とにかくテレビの仕事ができるというので、行くことにした。

「朝やっている英語の番組とか、こまごました番組で、先輩のお姉さま方から、タイムキーパーの手ほどきをうけたんです」

ひと通りタイムキーパーの仕事を覚えたころ、TBSの『時間ですよ』でタイムキーパーをやる人を探しているときき、もともとドラマ志望であった原田さんは、行ってみることにした。

「久世さんの面接があったんですけど、採用されるかされないかは、とにかく久世さんに気にいられるかどうかということでした。当時、久世さんは女優たちにモテモテでしたから、下で仕事をするのも大変だってきいてたんですけど、なんとか面接を通って採用されたんです」

とりあえず、二週間ほど、東芝日曜劇場で見習いをした。当時、この枠を仕切っていた石井ふく子プロデューサーに「とにかく、お行儀よくしなさいよ」といわれたことが、原田さんの記憶に残っている。

「久世さんからいわれたことは今でも忘れないんですけど、『お前の人格は信用するけど、お前の仕事は信用しない。いかに上手に、ぼくを騙し、かけひきをして、時間内におさめるか、それがきみの仕事だ。ぼくは役者を騙して、のせたり、泣かせたりして、演出している』ということでした。これまで、いろんな人との出会いがありましたけど、ドラマの面白さを一番教えてくれたのは、久世さんですね」

原田さんがかかわったのは、二シリーズ目の『時間ですよ』からで、これをきっかけにドラマのタイムキーパーとして、活躍するようになる。

## 自由の醍醐味を奪った派遣法

タイムキーパーとしては、番組ごとの契約で、番組が終了すれば、一応、その契約は終わりとなる。当時、TBSでは、普通のアルバイトとは別に「タレント・アルバイト」という制度があって、タイムキーパーも、そのひとつだった。

「ギャラはよかったですよ。あのころ、わたしと同じ年齢のOLの月給が三万ぐらいでしたが、わたしたちは一時間もののドラマ一本が、三万でした。連続もののスタジオ・ドラマだから、月に四本か五本やると、十何万になるわけですよ。先輩のなかには、月収二、三十万の人もいましたね。今は、ドラマはお金になりません。当時ドラマをやってた人で、今もやっているのは、わたし一人です」

他のワイドショーやニュースなどは、かけもちができ、タイムキーパーとしての打ち合わせなども簡単なので、単価が安くても、数をこなせる。必然的に、収入はドラマの倍になる。

しかし、金銭の問題ではない、と原田さんはいう。

「わたしは、半年仕事をして、半年遊ぶってことをしてきたんです。当時は、そういうことができたんですね。ですから、『時間ですよ』が終わったあとは、半年遊びました。ひきつづき契約をしていくこともできたんですけど、わたしにはポリシーがあって、同じところでつづけてやらないと決めてたんです。同じところにずっといると慣れてしまって、楽は楽ですけど、面白くない」

テレビは吐きだす仕事で、いくらやっても、それで豊かになっていく類の仕事ではない、と原田さんは早くも実感したようだ。

「女優さんでも、例えばテレビ小説でワンクールやると、ポッと出の、新鮮で、いいものをもってた人でも、終わると、体力からなにからなにまで吐きだして、なんにも残らない。クタクタになるまでやって、終わる仕事ですね。そういう人をたくさん見てますから、つづけてやるのは嫌だなと思ったんです。それに、けっこうあきるんですよ、テレビって」

休みの間、よく読書などもしたが、心がけたのは一人旅だった。

「連ドラが終わって、スタッフが解散になると、胸の中に穴があいたような虚脱感が残るんです。当時、祖母が、遠くへ行けば行くほどいっぱい捨てられる、だから、できるだけ遠くに旅をしなさいといってくれたんです。それから、一つの仕事が終わると、旅行をするようになったんです。外国にも行きましたけど、国内でも、五島列島とか沖縄諸島とか、青森の僻地とか、いろんな所を歩きましたね。仏像が好きなんで、奈良のお寺なんかもよくまわりました。フリーだから保障がないかわりに、拘束されない自由がある。だから、それを最大限利用しようと思った」

半年近く遊んだあと、原田さんがついたのは、当時、生まれて間もないテレビマンユニオンの仕事で、『隣は隣』(テレビ東京)だった。さらに井上ひさし原作で宮本信子主演の『ぼくの幸せ』(フジテレビ)につき、以後、これまでの二十数年間に、記録としてかかわったドラマは数知れない。

「いろんなことができた時代でした。フジならフジのいいところ、日テレなら日テレのいいところと、自由に動いて仕事をすることができたんです。そのとき、とにかくいい仕事をするということが、大事なんだ、とあらためて思いましたね。久世さんのところで仕事をしてきたことがわかると、それなら大丈夫だなって、よくいわれました。とにかく、いい仕事をすると、少々我儘をしてても、また、いい仕事がくるんです」

ところが、十数年前、派遣法という法律ができて、労働省から認可された派遣会社から派遣される形をとらないと、仕事ができなくなってしまった。それまでは、プロデューサーや演出家から、直接声がかかってき、原田さんとしても好きな仕事が選べたのだが。派遣法に対応するため、TBSではVSOという子会社をつくり、TBSの記録は、すべてここを通すことにした。

働く者の権利を守るための法律なのだろうが、フリーランスのまま自由でありたいと願う原田さんのような人にとっては、ありがたくない。なにしろ、それまでのように、テレビ局の間を自由に動いて仕事をすることができなくなり、人間も仕事も固定化して、身分は保障されるものの、面白味がなくなってしまったのである。

## 社会現象としてのドラマ

「それで、わたし、記録の仕事をやめようかと思っていたんです。そんなとき、ジャニーズさんから、光GENJIでドラマをやるから、つきあってくれといってきたんです。わたし、少年隊まではわかるけど、あそこまでいくと子供だし、ついていけないと思って、勘弁してほしいと断ったんです。でも、ちゃんとしたドラマをやりたいからといわれて、つきあいました。そうしたら、驚きましたね。彼らは演技者としての能力があるとかないとかの問題ではないんですよ。これは内田裕也さんがいってた言葉ですけど、ひとつの『社会現象』だと思いましたね。彼らには、すごいパワーというか判断力というか、子供でありながら、瞬間、瞬間に、人を差別、選別していく能力がすごいんですよ。ものすごく冷めた目をもってます。それで、こっちも、かなり本気にならないと、こいつできねぇヤツってことになって、切り捨てられてしまう。

今のSMAPもそうですけど、あれは彼らの能力ではなく、社会現象として与えられている何かだと、わたしは思いましたね。そのとき、あらためて、時代にリンクしているのが、テレビだって。こういうものをやったら面白いし、まだやれると思った」

「社会現象」ということに目をつけたプロデューサーとして、原田さんはTBSの貴島プロデューサーの名をあげる。

「彼は山口百恵ちゃんの世代ですけど、TBSのなかでは、ちょっとちがうタイプでしたね。山一証券から途中入社した人で、いじめられっ子というか、ドラマ部門だけで育ってきた人じゃなくて、営業をやらされて編成に行って、それから制作に来た人で、主流にいた人ではない。

彼がいっていたのは、フジなどの真似をするんではなく、TBSらしいものを作りたい。シンプルで、人生の四大要素というんですか、出生、恋愛、結婚、死といった要素をドラマにしていきたい。そういう意味では、みんなはいろいろけなすけど、石井ふく子さんの作っている伝統的なものかもしれません。彼が企画したのが『普通の結婚式』だった。父親が緒方拳、娘が浅野ゆう子。そのあと賀来千香子と布施博で『ずっとあなたが好きだった』とか企画したんです。当時、上のほうでは、そんなもので視聴率なんかとれっこないと冷やかに見ていたんですが、結果は逆でした」

組織の純粋培養ではなく、外から来たということが、社会現象にリンクしているテレビという媒体を考えるとき、重要なポイントではないか、と原田さんは思っている。

原田さんがつきあったプロデューサーで、同じものを感じた人に、フジで数々のヒット作品を作った太多プロデューサーがいる。

「フジのドラマが好調だったのも、太多くんみたいな人を抜擢したからです。やっぱり、人柄というか、器みたいなものを感じますよ。そういう新しい才能が出てきて、わたし、テレビも面白いかなって思い直したんです。それで、彼らのような人をバックアップしたいなと思って、積極的にドラマにかかわるようになって、幸か不幸か、今は、とっても忙しくなってしまったんです」

といって原田さんは、笑う。取材時にも、『最後の恋』(北川悦吏子脚本)などにかかわり、多忙を極めていた。

原田さんほどのベテランともなると、単にドラマの時間をはかり、カットのつなぎを考えるだけの記録係とは一味ちがい、現代社会のなかでのドラマのあり方、といった批判的な視点も備えて仕事にかかわっている。

## 新しい世代への期待

収録の現場で、原田さんの心がけていることは、単にカットとカットが機械的にうまくつながればいいのではなく、芝居の息と息がつながることだという。

「台本を順番に撮っていく順撮りではなく、バラバラに撮って、あとでつなぐわけですから、確かに小道具などのつながりは気にはなります。ただ、わたしは、細かいことは、たぶん、一番いわない記録ではないかと思います。大原麗子さんがいってたんですけど、『そんな細かいつながりなんか見てるの、あんたたちだけよ』って。

一般的にいって記録は、画面の片隅に出るちょっとしたことにも、注意を集中して、細かいつながりばっかり見ている傾向があります。でも、きちっとつながっていても、芝居がつながらない場合があるんです。役者さんが、つながりのほうに注意を向けてしまうと、どうしても芝居のテンションが落ちてしまうんですね。わたしは、芝居のテンションがつながらないほうが嫌だから、よほどのことがない限り、細かいことはいわないんです。例えば、マイクなどの影が出ていても、芝居のテンションが高かったら、編集のとき、そっちを使っちゃいますね。技術さんからは、怒られますけど」

原田さんは、ときに憎まれ役もやる。例えば、若い演出家は、ベテランの技術スタッフなどに注文を出しにくい場合がある。そういうとき、「すみませんけど、そこはナメるんじゃなくて、寄りにしてください」と、若い人の代弁をしたりする。

原田さんは、最近、若い人たち、二十代の後半から三十代の半ばにかけての世代と、波長が合うようになっているという。

「なんか空気が巡ってくるというか、わたしたちが一九七〇年代のころに感じていたものを、あの世代はもっているような気がするんですよ。貴島プロデューサーの番組で『わたしの命』って番組があったんですけど、この演出に四人の若手を抜擢して、競わせたんです。それまでだったら、二十代後半の若手にツークールのドラマなど、メインで撮らせません。わたしも相談を受けたんですけど、彼らにまかせて絶対に大丈夫だからって、いったんです。彼らがＡＤのときからつきあってきてるんで、わかるんです。彼らは非常に個性的だし、感性が豊かです」

そんな一人として、原田さんは、慶応大学のラグビー部出身で、全日本ラグビーの名選手でもあった福沢ディレクターをあげる。

「この人は、福沢諭吉のヤシャ孫《ご》なんですけど、ラグビーの選手ですから、要するに勝つということを知ってるんですね。勝つためには、どういう努力をしたらいいかもわかっているし、勝負は負けたら終わりだから、とにかく勝つために頑張る。スケールの大きなものができる人だと思います。それと早稲田大学出身で、第三舞台の芝居をやっていた土井くん。彼は福沢くんとはちがって、小さくて、ささやかなものをやりたいといっています。わたし、彼らが出てきて、TBSのドラマも変わるだろうなと、期待しています。東大卒に象徴される偏差値秀才がテレビ局に増えていますが、そういう人たちでは、心の通った、人を感動させるドラマはできないと思います」

原田さんは数年、TBSで定年を迎えたテレビ黄金期の「スター・ディレクター」である大山勝美や高橋一郎などの「卒業制作」にかかわった。自分の記録としての仕事も、彼らの「卒業」とともに、「卒業」かと思っていたのだが、新しい世代の台頭で、心を新たにしているようだ。

原田さん自身、さめた目で自分の立場というものを見ている。

「記録って、本人は中枢でもなんでもないんですけど、中枢の近くにいる人たちと接触する機会が多い職種です。それで、オジさんたちがいうと角がたつことでも、女のわたしがいうと、丸くおさまることもあって、勝手なことをいわせてもらっています。なんか中和剤の役割もするんですよ、記録の仕事って」

やはり仕事への自信が、根底にあるからなのだろう、歯に衣着せず、率直に思っていることを口にする。ときに苦言を呈することもあるが、それもみんな、とにかく面白く感動を呼ぶドラマにかかわり、同時に、視聴者としても、かつてのようにコクのあるドラマを見たいからである。

記録という仕事に向いている人は、どういう人だろうか。

「大勢の個性ある人たちと一緒にやる仕事ですから、協調性が一番大事ですね。だから、個性的な人、自意識の強い人は、向いていないと思います。自分がなにかを主張したり、どうこうしたいという仕事ではないですから。人と人との間をとっていく仕事で、気配りが必要だし、その上、緻密さを求められます」

現在、TBSの記録は、すべてVSOからの派遣である。十一人が登録されているが、全員が女性。それも四十代の独身女性が多く、原田さんは、彼らのローテーションを割り振る役もやっている。原田さんも、ずっと独身できた。

「結婚すると、ドラマの記録はむずかしいですね。時間的にも肉体的にもきついですから。仕事の場所が刺激的なので、退屈する時間がなく、ここまできてしまったけど、この道は自分で選択したわけですから、後悔はしていません」

近年、映像の技術は急激な進歩をとげ、手法も洗練されてきているが、とにかく数字（視聴率）さえとれればいいという流れのなかで、より刺激の強い、「何でもあり」の番組が目立つようになった。

日本人の品性が下がったから、人々の欲求に従って、品性のかけらもない番組が増えて当然という意見もあるが、子供や若者に対するテレビの強大な影響力を考えると、テレビがひたすら数字を上げるため、より強い刺激を競い合う媒体であっていいわけがない。

『時間ですよ』のようなペーソスやユーモアあふれた番組が主流を占めていた時代に、番組作りの中枢近くにいて、冷めた目でテレビを見てきた原田さんのような存在は、今や制作現場できわめて貴重な存在になっている。今後とも現場で、大人の鑑賞にも耐えられるドラマ作りのために、率直な意見を吐きつづけてほしいものだ。

# 3

## 殺陣

# フィクションのなかの殺し

美山晋八
今は役者さんが『この台詞、いいにくいな』といえば、『じゃ、カットしよう』と勝手にやってますやんか。みなさん、その場その場では器用で速いですけど。ぼくら、台本は公文書でしたから、そんなことしたら大変ですよ。

## 殺陣のルーツは歌舞伎の立ち回り

台本に「男が斬り殺される」と書かれているとする。その一行をどうふくらませて味付けするか、つまり、いかに印象的に斬り殺すか、いかに迫力あふれるアクションシーンにするかは、殺陣師《たてし》の腕次第である。

「市川崑監督の『八つ墓村』をやったとき、鉈《なた》で斬った首が飛んで、ゴロンと落ちるシーンがあったんです。ぼくの考えでは、飛んだ首が『恨んでやる』とものをいう。コンピュータグラフィックスを使ってほしいというたんですが、ダメだと却下されました。まあ、一コマ何百万とかかるわけですから。尼子一族の恨みを『一生たたってやる～！』と、首にものをいわせたかったんですけど。ネッ、面白いでしょう」

残念ながら実現しなかったアイデアではあるが、美山さんのこの話ひとつをとっても、殺陣師という仕事は、立ち回りやアクションの振付けをするだけではないことがわかる。

例えば、ビール瓶で頭を殴るシーンがある。そのときに、どうすれば『パン！』と威勢よくビール瓶が割れるか、殺陣師なら知っていなければならない。次のシーンで、上からビール瓶の破片が雨と降るのか、それとも血しぶきが舞うのか。何人もの乱闘シーンでは、それぞれの位置関係を把握して、それぞれがどう動くのか、より面白く鮮明に見せる絵作りを考えていく。

演技の心得はもちろん、カット割りをこなし、カメラマンとの綿密な打ち合わせも必要である。

さらに台本の内容を理解し、監督の意図を汲み取って、作品全体としての流れを把握していなければならない。

「ぼくは殺陣のシーンを撮る前の前の週から入ります。前の芝居で役者がちがう芝居をするかもわからん、殺陣とつながらないかもわからん。だから、じ～っと見てる。あ、そうか、それだったら、ああいう動きはしないなと。あんなにおどおどしてる男が、殺陣になって急に強くなったらおかしいやないかと。ひとつの流れがありますでしょう。その場だけ行って、『殺陣のシーンになりました、はい、どうぞ』と渡されてもできないんです。ドラマに入るときは、事前に行って、殺陣と全然関係ないところからず～っと見てます。そうしないとわからない」

美山さんは、舞台、映画、テレビと、あらゆる殺陣を手がけてきた。

具体的な作品を上げるときりがないが、舞台では長谷川一夫にはじまり、東宝歌舞伎や宝塚歌劇、映画では市川雷蔵の『眠狂四郎』、『座頭市シリーズ』、市川崑監督の『八つ墓村』、テレビでは『ザ・ガードマン』『木枯し紋次郎』『必殺シリーズ』『なにわの源蔵』などがある。『必殺シリーズ』に至っては、十五年間にわたって殺陣を務めたが、最終回の『必殺からくりにん』のタイトルも、ずばり「おわりの殺陣をどうぞ」であった。それだけ殺陣を重要視していた時代劇シリーズだったということだろう。

殺陣は歌舞伎の立ち回りからきており、新国劇の創始者である沢田正二郎が初めて用いたとされている。職業としては殺陣師段平から始まったといわれるが、段平はリアリズムを追求するために、当時はけんかを見て殺陣をつけたという。

「本当か嘘かわかりませんけど、段平のもともとの職業は、殺陣と下足番、そして頭取。読んで字のごとし、頭を取るわけです。ピンハネですね。舞台で『消えもの』（食べ物や燃料など消える小道具）があるでしょう。例えば煙草や饅頭など。一か月の芝居で、きざみ煙草を三袋しか使わないのに、十袋分の代金を請求して、七袋分を自分のポッポ（懐）に入れるとか、中日《なかび》にもらうご祝儀を、頭を取って（ピンハネ）から皆に渡すとかね。これ、裏話ですよ」

歌舞伎をルーツとする殺陣の型は、打つ、突く、受ける、振るの四つを組み合わせる。山形（山形に斬る）、天地（上下に刀を合わす）、柳（打ってきた刀を受け流す）、トンボ（とんぼを切る）をはじめ何十手とあるが、いまや様式美としてチャンバラを楽しむ約束事のようなものだろう。段平の時代のリアリズムも、現代ではリアリティからはほど遠くなってしまった。

## 太秦撮影所のアウトローたち

「殺陣師」ときくと、なんとなく筋骨隆々の大男を想像してしまうが、美山さんは華奢で優男といった印象を与える。もっとも、眼光の鋭さを除けば…である。

「むしろ、ぼくみたいでなかったらあかんのです。殺陣師というのは、初めはみんな大部屋の役者です。あまり大きくなくて、当時はちょうどぼくくらいの背格好で、全然目立たないような、どこにでもある顔、そういう人間がよかった。斬られ役だけじゃなく、女形もやるわけですから。今は背丈が一メートル八十センチ以上とか、顔も個性を求められますけど」

美山さんは、嵐寛寿郎や阪東妻三郎の斬られ役だった。恵まれていたといえる。大部屋には三百人近い役者がいて、斬られ役すらなかなかもらえない。最初は蹴られ役や、先輩が斬られて死ぬと「おい」と呼ばれて、代わりの死骸役をする。蹴られたり、斬られたり、女優の吹き替えをしたり、俗に「絡み」といわれるものだ。そのためには、日舞、洋舞、馬術、水泳、剣道、香道、弓術、ひと通り何でも広く浅くこなせなくてはいけない。

「女優さんはトンボを切れませんし、馬に乗れませんから、代わりにぼくらがやるんですけど、女の線を出さなくちゃいけないんです。例えば、化け猫の女優の吹き替えをやるとしたら、化け猫が跳んで下りたときに内股になっているとか」

朝九時に撮影所に入ったら、もうセットの通りや街道を歩いている。絡みもやれば、大衆もやる、提灯を持って「御用だ!御用だ!」もやる。

ということは、同じ作品の中で何度も登場するということだろうか。

「一カットで三回は死にますよ(笑)。主演者が選り好みをしますから、こいつはダメだと烙印がつくと出さない。俺のためには命も捨ててついてくる、という奴じゃないと使わないんです。一派なんですよ。ぼくの場合は長谷川一夫一派でした」

撮影所内で繰り広げられるドラマをコメディタッチで描いた『蒲田行進曲』(つかこうへい作・

深作欣二監督）という映画を思い出す。銀ちゃんという主役俳優のために、取り巻きの大部屋俳優が命をかけて「階段落ち」をするという物語だが、まさにあの世界そのままである。

「役者だけじゃなく、監督もありますね。溝口（健二）一派、衣笠（貞之助）一派というふうに。役者の場合なんか、その人が勢いのあるときはいいですよ。でも、その人がこけたら一族郎党みなこける（笑）。アンチがありますから、他の人は使ってくれませんもん。そこをうまくコントロールするわけですよ。それはそれで、えらい苦労したもんです」

美山さんは昭和四年（一九二九）、京都の一乗寺下り松で生まれた。この地名で、宮本武蔵を思い浮かべる人も多いだろう。のちに美山さんが殺陣師という職業につくのも、どこかで潜在的な意識が働いたのかもしれない。家は建築土木関係、六人兄弟の長男である。

「本当は昭和三年十二月三十日生まれで、本名は木村昭三、昭和三年だから親が昭三と。父はちょっとこっちですね（頬に傷をつける真似をして）。若い衆が二十人ほどいて、博打なんかやっている家ですから、逃げたくてしょうがなかったんですよ。それで、勝手に履歴書を書いて兵隊に志願したのが、中学三年のとき。だいたいものをいわない、人が来ても挨拶もせん子供でしたから、『こんにちは、もいえんのか』と、よく怒られたもんでした」

十五歳で志願兵となり、十八歳で終戦を迎えた。昭和二一年（一九四六）、マキノ慎三と宮城千賀子夫妻が率いるマキノ芸能社に、研究生として入った。その入り方がふるっている。仲間と町を歩いていたら、マキノ芸能社の看板が目にとまった。研究生募集か新人募集のポスターか貼り紙でもあったのだろう。

「ちょっとヨタってたもんですから、受けさせろと。入るつもりなんかないですよ、冷やかしに、どんな所かなと思っただけで。向こうは受けさせない、書類選考してから云々とかいうわけですよ。そこで、こっちは『馬鹿野郎!』とダンビラ(刀)を抜く。与太者五〜六人ですやん、しょうがないから、向こうは受けさせますわね(笑)」

ところが、美山さんを含めて三人が合格した。むりやり受ける方も受ける方、入れる方も入れる方である。まさか芝居などやったことはなかったろう。

「ない、ない(笑)。試験で歌ったのは『湖畔の宿』」

しかも冷やかしのつもりが、本当に通い始めるのだから面白い。マキノ芸能社は旅回りの劇団で、研究生として入ると日本舞踊、ダンスの授業を受けさせられた。

「一、二、三、くるりと回って、はい、なんて。だいたいが硬派でしょう、兵隊帰りがそんなことねぇ、やりませんよ。先生は若い女の人だし、いうことをきかない。すると、生徒監が、『やりなさい、先生を泣かしちゃダメだ』と」

それから一、二年いて、各地の舞台へ派遣される。仕事に行った先で、ヤクザに騙されて、お金をもらえずに放り出されたこともあった。帰りの電車賃もないから、芝居小屋へ行って雇ってくれと頼むと、半月分くらいの前金をくれたそうだ。

「一か月の芝居の給金が五千円なら、前金でポンと二五〇〇円くれましたね。もろうたら、その晩、もういない。そういう人がいっぱいおったんです。その代わり、捕まったら殺されますから。ヒロポン打って、京都におられん、お金はない、地方に十日間ほど行く。帰ってくる、またどこかに行く。そのくり返しですね。一か月が一年に感じられるくらい、走馬灯のように巡って、もうぐちゃぐちゃになって、こりゃダメだと思って帰ってきました」

戦後まもない混乱期で、善悪ではなく、とにかく力がものをいった。ピストルを持っていたら白が黒になり、刀をかざせば道理が引っ込んだ。

美山さんが大映に入ったのは、昭和二三年、ちょうど黒澤明が『羅生門』を撮っているときだった。ニューフェイスでもなければ、ミスター日本でもなく、単なる大部屋俳優だったが、それでも映画界には奇妙な活気があり、京都特有の特別待遇もあった。美山さんの話をきいていると、戦後から黄金期にかけての太秦《うずまさ》撮影所や映画人たちの様子が彷彿として浮きあがってくる。

「市電に乗りますわね、降りるときにダンビラを抜く。運賃代わりというか（笑）。京福電鉄（太秦駅のある嵐山線）なんか、無料の上に、駅長が出てきて敬礼ですよ。太秦から帰るとき、『お帰りなさい！』って。荒川さん（本書に登場する時代考証家）も同じ道を歩いてますよ。われわれの世界は、こっち（頬に傷）とつながってますから。ほら、五番町夕霧楼みたいな所へも、大映株式会社と名前入りのロケバスで乗りつけて、三々五々散っていくんです。われわれは無料ですよ、そういう庇護があったんですね。そやないとでけへんのですわ、あのころの映画界というのは」

今や制作費の額の高さを宣伝するようなところがあるが、金がなくては撮れないというのなら、心意気で作る独立プロのような映画はできなかった。しかも、独立プロの作品には傑作が多い。そういう時代に映画作りを経験してきた美山さんたちには、予算のなさは言い訳にならないだろう。

「新藤（兼人）組なんか、金を全然もっとらへんかったからね。例えば、黒いコールタールを塗ったゴミ箱がいるけど、セットを作ったらお金がかかる。晩になったらみんなで町へ出て、その辺のをだ〜っと調達してきて飾るわけです。せやから、墓とか、ほんまもんですやんか。返しに行ったら、どこに置いてあったかわからへん（笑）」

撮影所近くの京都の町は、まさに百鬼夜行、かなりの被害にあっていたことだろう。

## 紋次郎リアリズムの秘密

大映には社員で入ったから月給制だった。ボーナスあり、定期昇給あり、一般企業と同じで、タイムレコーダーも一回は押さなくてはいけなかった。

「そうなると大映温泉ですわね。ドボッと浸っていると給料がもらえる。仕事しないほうがいいんです。やればNGも出るし、『美山NG、何尺』と出ます。それが査定になって、ボーナスに響く。『エライNG出してくれて、ボーナスから差し引いとこ』と。仕事をしない連中のほうがボーナスは上でしたよ。われわれの仕事は普通の仕事とちがって、ものを作る仕事でしょう。そのへんがちょっと理解できんかったけど」

役者だったころ、美山さんは大映が撮った作品全部に出演している。反骨精神の持主は、さぞかしボーナスも引かれたことだろう。当初の芸名は美山新八だったが、名前に凝っていた市川雷蔵が、新の字を晋に変えたほうがいいと改名させた。

「何でやときいたら、縦に書いてまんなかで縦に割れるやろ、左右対称やから良いんだと。芸名いうてもね、タイトル載るわけやないんですよ、斬られ役ですから」

役者をやめて殺陣師になってのちも、ずっと美山晋八を名のっている。殺陣師として仕事をしていくことになったのも、東宝歌舞伎と映画で二十年、長谷川一夫について、舞台で踊りや立ち回りを経験したことが大きい。

「いやあ、門前の小僧ですよ。いろいろ必要に迫られて覚えましたけど。長谷川さんが踊っているとき、ここでこう出るとか、覚えんといかんし、踊りを直さんならんわけですから。日本舞踊も長唄も、あとでもっとちゃんとやっときゃよかったと思って。『忠臣蔵』で浅野内匠守が長谷川一夫だとすると、ぼくは『殿中でござりまする』とか、ああいう役をやりましたよ。長谷川さんはどこに行くんでも、ぼくを連れてってくれましたね」

役者として出演した作品で最も印象に残っているのは、五社英雄の『人斬り』だという。ぜひ出てくれと請われて、人斬り以蔵こと岡田以蔵役で特別出演した。このときはすでに殺陣師だったが、役者をやめてからの作品だというのは少々皮肉な気もする。

「ぼくの師匠は宮内昌平というて、すごい殺陣師でした。この人が阪東妻三郎、嵐寛寿郎、長谷川一夫の殺陣をやってはったんです。当時、宮内さんは大映四本、宝塚、長谷川、新東宝とやっていて、売れっ子でね。亡くなったとき、ぼくは『木枯し紋次郎』をやっていたころで、長谷川さんが演出していた『ベルサイユのばら』の殺陣をお願いしたいといわれたんですが、結局、やらなかったんです。宝塚は宮内さんの代打で随分やっていて、甲にしきや春日野八千代などは友達みたいなもんでしたけど、やっぱりやれなかった。大映で最後にやったのが、市川雷蔵の『眠狂四郎』でした。師匠はすでに亡くなって、後を継いでるんですけど、うまいことといかんのです、下手で」

殺陣師として一本立ちしたのは、大映倒産寸前の昭和四十年頃だった。市川雷蔵が病気で撮れなくなり、大映は『丸秘女牢』のようないわゆる裸物をやっていたが、そこへテレビが入ってきた。いよいよ大映倒産かというとき、市川崑監督から、「テレビの『木枯し紋次郎』を監督するが、殺陣をやらないか」と美山さんに声がかかった。長谷川一夫の『雪之丞変化』を撮ったのが市川崑だった関係である。

「大映の社長は『そんな電気紙芝居みたいなもんやるな』というてね。ぼくはこのとき、『ザ・ガードマン』をやってたんですよ。左前になりかかってますし、みんなを食べさせんならん。田宮二郎のテレビドラマなんかもやってました」

「あっしにはかかわりのねえことでござんす」という台詞と長い楊枝をくわえた、新しいタイプのヒーローとして人気を呼んだ『木枯し紋次郎』。よくある勧善懲悪物ではなく、現代的なストーリーとリアルな映像表現で、時代劇としては珍しく若者たちの支持を得ていたテレビ番組である。紋次郎ファンには懐かしい股旅姿が蘇るだろう。

「紋次郎役の中村敦夫さんは新劇の俳優ですから、チャンバラをやったことがなかった。本番で戸惑うわけです。一応、ぼくが殺陣はつけているんですけど、中村さんができない。普通はリズムが合うんですが、『しまった、どっちだったかな』とおろおろするから、半拍遅れたり、半拍早まったりして、グググッとリアルな感じが出るわけです。あれはほとんど、彼のドキュメンタリーです（笑）。それが当時、世相的に受けたんでしょう。だって、実際の殺し合いや戦いは、どっちから来るかなんて決まってませんわね」

殺陣は型や技術、アイデアだけではない。そこにドラマがなくてはいけない。共感を呼ぶ何かがなくてはいけない。例えば、人を斬って喜んでいては、共感を呼ばない。いかに悲しいか、いかに罪深いことをしたか、という悲哀がふっと全身に漂う。そういう演技も含めたものが殺陣ではないのか。しかし、それが世相と合う時代も、合わない時代もある。そのことも承知の上で、美山さんは「殺陣の美学」といったものを考えてきた。

## 殺陣師が撮影現場で切られた事件

大勢のスタッフでひとつの作品を仕上げるとき、それぞれの思惑がぶつかって、どうしても火花が散る。主演者が反発して横を向く、監督は機嫌が悪い、そしてカメラマンも撮りたがらないというふうに、お互いにそっぽを向いたまま噛み合わないことがある。

そういうときも、美山さんは独特の気配りをしてきた。

「いろいろ余分な話をして、漫才をしたり、阿呆をいわなあかんのですよ。監督はこうしたい、俳優はこう演じたい、カメラマンはこう撮りたいというのがあるんです。その三者をどう合わしていくか、どうのせるか。自分が固執していたらだめですよね」

こんなこともあった。『座頭市』の撮影現場で、勝新太郎の息子が持っていた本身《ほんみ》の刀で、殺陣師が亡くなったときのことである。

「ぼくは市川崑監督の『鞍馬天狗』をやってたんですけど、うちの若い連中が行っていて、えらいことですと連絡がきた。あれは撮影中ではなく、撮影が終わって、みながわ〜っと出てきたとき、勝さんの息子が肩に担ぐように持っていた刀が、すれ違った瞬間、ふっと当たった事故なんです。本身の刀なんか渡すのは、勝新太郎の息子やからでしょうけど、本人は持ったこともない。『カット！』となり、助手がスイッチを切る、でも、フィルムはそれから二秒回るんです。一秒二四コマだから二秒で四八コマ、そのときの様子が一部始終写っていて、足下に血がバアッと流れ出る、ゆっくり倒れていく、どないしたんや、えっ、なに、どないしたの、と。だから証拠として、広島県警に提出できたんですよ」

美山さんが駆けつけたとき、勝親子は見るからに断絶していた。監督と俳優になっていて、その俳優が事件を起こしたわけである。勝新太郎はずっと向こうの方にいて喋らない。息子は悲痛な顔で側にすらいかない。「はあ、これはダメだな」と思った。美山さんは嵐山に住んでいたころ、勝新太郎の息子に会ったことがあるが、当時はまだ子供だったから覚えているかどうかはわからない。まず、息子の方へ近寄って、こう話し始めた。

「おっちゃん、知ってるか」

「知りません」

「立ち回り、やったことあるか」

「ありません」

「よし、これから、おっちゃんが稽古したる」と、絡みを教えだした。

勝新太郎が遠くから見ている。勝がのってくるのを見越して、襦袢《じゅばん》一枚になって稽古をし始めた。すると、

「おい、そんな手は古いぞ。古い手をつけたらダメだよ」と勝が口を開いた。

「これは基本やから、覚えさせないといけません。古いとか新しいとか関係ない」

「いや、そうじゃないんだ！」と入ってきた。

その日は昼から撮影があった。息子がウハハハと笑うシーンがあるが、なかなか笑わない。すると勝が「おい、若だんなづらするんじゃねえや。さっさと芝居しろ！」とどなって、ようやく会話が戻ったというのである。

「中村玉緒さんがぼくに、『どうかお願いします』と髪を振り乱してね、女優さんじゃないんです、そのときは。お母さんなんです。で、そのあとも昔話をいろいろして、二人をほぐしてから帰って来たんですけれども」

この事件のすぐあとの『座頭市』の撮影で、一見、危険とも思える子供と市との秀逸のシーンを撮ったのだが、そのときの勝新太郎やスタッフの葛藤は如何ばかりだったろう。

「小さな子供がよちよちと通りへ出て行く。おっかさんがあーっという間もなく、やくざがバァーッとなだれ込んで、子供が紛れ込む。市が出て行って、その子供を抱えて宙へ放り投げるわけです。その間に市は下で五、六人斬って、子供が降りてくる。それを受け止めて抱きかかえる、格好いいシーンでしょう。実際にはクレーンで子供を吊り上げて、ポンと引くと、子供は宙にいますわね。いっぺんは宙に放り投げる、そのときは何もついていなくて、子供は泣き顔です。事件のすぐ後ですやん。子供を宙吊りにしたり、放り投げたりしたら、またマスコミに何をいわれるかわかったもんやない、と尻込みするのを、『いや、やりましょう。映画ですから、ルールに従ったやり方があります』とのせましたよ」

## 修羅場をくぐってきたことが役立つ

「テレビドラマを担当して五二本撮り、すべて全力投球、ヒットを飛ばしたいという欲がありますね。今度こそ！と。ところが、それはできませんから、三割三分三厘、三本に一本はヒットを飛ばしたい。三割ヒットしたら大したもんです。それもなかなかできませんわね。若い方たちがこの世界に入ってきて、たまたまいい脚本を選択されて、たまたま当たる場合もありますけど。はたして三割、打ちつづけられるやろか」

当時の映画屋たちはたまたまではなく、何十年もコンスタントに撮って、コンスタントにヒットを飛ばしていた。美山さんたちはそういう世界で生きてきた。

「今は役者さんが『この台詞、いいにくいな』といえば、『じゃ、カットしよう』と勝手にやってますやんか。みなさん、その場その場では器用で速いですけど。ぼくら、台本は公文書でしたから、そんなことしたら大変ですよ」

「さ、行こう！」「はい、カット！」と、時間との競争で撮影する。それで終わりではない。編集して、音楽や効果が入って、ひとつの作品になる。コミュニケーションが取れていないと、そこでちがったものになるのではないか、と美山さんは懸念する。

作品はあくまでも脚本の匂い、監督の色である。何を撮りたいかである。

「例えば筧《かけい》の水がありますね。そこに木の葉が落ちて、クルクルクルと舞って、シュッとなくなる。このクルクルシュッが巧くいかないと、当時は三日間かけたもんです。一人の男の人生が、時代の流れのなかで舞うように翻弄されて、ある日突然、シュッとかき消えるイメージが欲しい。それが明確にわかってないと、協力できませんもんね」

自分のポジションがどこか、撮りたいものをどういうふうに応援していけるか。指し示す方向が重要なのである。曖昧では困る。しかし、時間や予算の制約は常に過酷だ。

「例えば、カット割りしたら一〇〇カットある。現場に行ったら、時間が押していて、どうにもならない。時間がないから、一カットでいけないか、といわれますわね、一〇〇カットを。どうなってるのかと、みんな焦りだす。ぼくが悪者になって、あらゆるスタッフに、『ぼくは一カットでいきたいんやけど、どう思う、協力しろ』と。その代わり『カメラはここや、もっと寄れるか』とか、『これでええか』とか協力して。太秦なら固執しますよ。『やめましょう』と。どっちが良いのか悪いのかわかりませんが。前の監督の出が遅れて、次の出は日が落ちかかっているんです。『今日、絶対に撮ってくれ』と。撮りましたよ、一カットで。逆光で海がキラキラ光っているところへ、バイクとともに海に落ちる、それを狙ってくれと。キラキラが狙いです。そういうものがそこにないと、一〇〇カット以上にやらんと、一カットでやってもひとつもいいとこないですよ」

テレビは映画よりも、臨機応変で柔軟なところがある。その瞬間瞬間で、要望に的確に応えていかなくてはいけない。そこで今まで何十年と、あらゆる修羅場をくぐってきたことが役立つ。突然いわれても、どのやり方でいこうか、頭のなかにあらゆる方法が浮かぶ。これとこれはどうか、整理して並べ変える。それが職人芸というものかもしれない。

京都には今、美山さんを入れて殺陣師は数人しかいない。しかも一番若い人で四十代、すべて最初は大部屋俳優である。人材が育っていってほしいが、なかなかなり手がいない。これからの殺陣師には、どういう人間がふさわしいのだろう。

「少なくとも殺陣師段平なみに、いわゆる山形切って、天地、天地でチョンチョンチョンチョンというてる場合やないですよ。メカに詳しい人なんかがいいですね」

アメリカの殺陣師（バトル・コーディネーター）は俳優出身ではない。科学的な知識を必要とされる。何十メートルの高さから落ちるときにどうしたら安全か、火だるまの人間が何メートル走るか、炎がどの辺まで上がるか、無風状態と風があるときとでは、どうちがうか、そういう問題を科学的に研究している。これからは日本の殺陣も、そういう方向にいかなくてはいけない、と美山さんはいう。

「アメリカだと、一〇〇階くらいから下まで落ちますね、あれは本当に落ちるんです。向こうはスタントマンのユニオンがありまして、けが人や体が不自由になった人の面倒を見ています。普段もアルコールはワインしか飲まない。アルカリ性だから。エレベーターやエスカレーターに絶対に乗りません。鍛えるわけです、スペシャリストとして」

それだけアメリカはプロとして保証されているということでもある。日本の場合、芸能学校はあるが、そこの若い連中がプロに徹しているとはいえない、食べられる保証もない。美山さんたちの時代は徒弟制度だったが、食べさせてはもらえたし、与えてもらうものは与えてもらっていた。今はそういう状態ではないので、有為の人材がなかなか育ちにくいらしい。

「テレビドラマは絶対になくならないとは思うんです。ただ、このままではだめになっていくでしょうね。スポーツやニュースにはかなわない。この間のペルーの人質事件にしても、そのまま映像が入ってくるやないですか。テレビではできないものを、イメージだけ先行して追い求めて、テレビのメカニズムから逸脱していっているんやないですか。テレビにはお寿司もあって、カレーもあって、フランス料理もほしいと。ところが、フランス料理が当たると、全部フランス料理になってしまう。今日はおかゆでいいんやないかと思っても、やってないでしょう。テレビだからこそできるもの、淡々としているけど、ふっとドラマが顔をのぞかせるような、そういうものがいいんやないかなとぼくは思うんです」

美山さんにはやりたいことが、まだまだたくさんある。

「一九歳から始めて七十歳になりますけど、『もういっぺん、これをやってから俺は死ぬんや』と、いまだにそう思っているから、生きていられるんやないですか。まあ、大したことはないですけど、こんな馬鹿みたいな、けったいな男もおるんかと思って、みなさん、やる気を出してもらえたら嬉しいですね」

実は数年前に切腹（本人の弁で、手術のこと）しているが、いまだに徹夜も辞さないという。そのエネルギーは一体どこからくるのだろうか。美山さんは、人生に定年はないことを、われわれに身をもって示してくれる。現代の殺陣師には狂気ならぬ侠気があった。

# 4

## メイク

# 大河ドラマのメイクの草分け

片山嘉宏

人間の顔は左右対称じゃないんですよ。だから、ぼくは、わざと右と左の眉毛をちがうように描くんです。肌色も右と左で変えます。テレビは静止画像ではないんで、役者が顎をひいたり眉間に皺をつくったり、いつも変化をしているんで、正確に対称にする必要はない。だから、必ず崩すんですよ。役者によっては、それが怖いんですね。

## 見よう見まねで覚えたメイク

メイクあるいはメイキャップという言葉は、もともとはハリウッド映画からもたらされたものだが、今や、日本でも、若い人がごく普通に使用する単語となっている。

ひところ「美粧」という言葉が使われたものの「メイク」という言葉ほど定着していない。「化粧」という単語が普及しているのと対照的だ。美より化けるほうが、人々から歓迎されているということか。

片山さんはＮＨＫで長年メイクを手がけてきた人で、いわば「ＮＨＫのメイクの主」である。大河ドラマだけでも、片山さんが手がけたものをあげると『太閤記』『源義経』『天と地と』『樅の木は残った』『春の坂道』『新平家物語』『黄金の日々』『峠の群像』『山河燃ゆ』『独眼竜政宗』『翔ぶがごとく』等々、十指にあまる。

片山さんは、テレビはえぬきの人ではなく、映画の出身である。

北海道の高校を卒業したあと、昭和三二年に上京し、新東宝で明智十三郎の付き人となった。翌年、明智の紹介で、東映京都撮影所のメイキャップ室に入り、以後、メイク一筋にやってきた。

「当時、映画の役者はニューフェースで、公募でしたが、裏方はみんなコネなんですよ。絵が好きだったんで、美術関係の仕事をやりたいと思っていた。そのため、喜んで京都に行きました。当時、映画の世界は封建的で、最初は丁稚奉公でしたね」

現に、片山さんは、東映のメイクのチーフの家に住み込んだ。その家には五人の内弟子がおり、片山さんもその一人で、拭き掃除などもやった。全員が男だった。

撮影所によってちがいはあったが、東映京都撮影所の場合、メイクだけということはなく、男役の鬘《かつら》も兼ねた。

「女性の髪結いは結髪《けっぱつ》といい、男の髪結いは床山《とこやま》といいますが、われわれは、メイクと床山を兼ねてました。東映の時代劇全盛時代で、市川右太衛門、片岡千恵蔵の両御大をはじめ、中村錦之助（のち萬屋錦之助）、大川橋蔵、東千代之助などのスターがいて、活況を呈してましたね」

昭和三十年代の前半といえば、映画は娯楽の王様といわれ、観客動員数も現在の十倍近くあった。当時は封切りでも、二本立て、三本立てが普通で、一週間で新作にかわる。そのため、大量に作品が作られた。

松竹、東映、東宝、大映、日活の五社が独占的に映画を作り、全国に配給していた。映画館は系列化され、役者もほとんどが各映画会社の専属で、いわゆる「五社協定」なるものがあって、テレビ出演などできなかった。当時、映画関係者は、時めく者の常で、テレビなど眼中になく、「電気紙芝居」とさげすみの目で見ていた。

そのころの仕事について片山さんは、

「なにしろ、月に十四、五本撮ってたんで、メイクも一人で二、三本はもってたと思います。それに『赤穂浪士』など盆暮のオールスターものがある。役者も何本かかけもちで、ほとんど休みなんかなかったですね」

腕が上達してくると、専属で主役クラスの役者につくことになる。

片山さんが最初についたのは、美空ひばりだった。天才的な少女歌手としてデビューした美空ひばりは、映画や舞台にも進出しており、片山さんは、ひばりの舞台を担当することとなった。

「ひばりさんが男役をやる舞台に、ついたんです。正月に国際劇場を一か月、二月に大劇（大阪劇場）で一か月、それから三月は名古屋の御薗座で一か月。これが三年つづきましたね。舞台を担当しているときは、かけもちはできません。舞台が終わると、また映画にもどったんですが、舞台のひばりをやった関係で、映画でも『お嬢吉三』とか六本ぐらいやりましたね。ひばりちゃんと、実は、ぼく同年齢なんです」

ひばりが小林旭と結婚し、東京の仕事が多くなったあとは、鶴田浩二づきとなった。ひばりの紹介であったという。

当時、撮影所にはメイク担当が十五、六人いた。専属といっても、その人のメイクと鬘だけをやっていればいいわけではなく、脇役については全員が手分けをしてやった。

当時、片山さんは両頬に髭をはやしており、それがライオンのように立っていたことから「ライオン」というニックネームで呼ばれていた。余談ながら、後年、ＮＨＫに中村錦之助と鶴田浩二が出演したとき、「ライオンがいる」ということで、直接、片山さんにご指名がかかったという。

チーフの家に住み込み弟子となっても、メイクの技術を教えてくれるわけではない。そのため、見よう見まねで覚えていくしかなかった。

「最初はエキストラのメイクと頭をやりました。なにしろ侍、町人など何百人と出るので、撮影日ともなると、暗いうちからエキストラを何人も並べ、四人ぐらいで手分けしてやるんです。合戦のシーンなんかだと、四、五百人をつくるんで、もう殺人的な忙しさでした」

## 映画が斜陽になりNHKに

娯楽の王様の地位を誇った映画であったが、粗製濫造の弊はまぬがれず、テレビの勃興とともに、次第に観客が減っていった。撮影所の一部では、テレビ放映用に十六ミリ・フィルムで撮影する「テレビ映画」を作りはじめた。

しかし、映画の衰退は誰の目にも明らかだった。そんな折り、NHKでメイクに欠員ができ、片山さんに声がかかってきたのである。

「ぼくは、NHKに行こうと思うけど、どうしたらいいか、ひばりさんと鶴田さんに、相談したんです。そしたら、ひばりさんのお母さんは、ひばりプロダクションに入らないかと誘ってくれ、鶴田さんは俺の専属になれといってくれたんです。でも、個人で雇われることになるし、まだ自分の腕は一人前じゃないので、NHKで修業してきます、とぼくはいったんです。納得してもらいましたけど、本音をいうと、京都は夏暑いし、冬は底冷えがきついのに暖房は火鉢だけです。

それがいやで東京にもどりたいと思っていたんです」

昭和三七年のことだった。

ＮＨＫで片山さんが最初についたのは、嵐寛寿郎が主演した浪曲講談ドラマだった。大河ドラマは第三作の『太閤記』からついた。緒形拳のテレビ・デビュー作で、片山さんは緒形拳とも同年齢なので、気持ちよく仕事ができたという。

「ぼくが来た当時、ＮＨＫのメイクは美容師の人たちがやってたんですよ。全員が美容師の免状をもっていて、女性のアナウンサーや出演者のメイクとヘアをやってたんですね。美容師の免状をもっていることが、条件だったんですけど、時代劇をやるものがいないということで、ぼくは例外的に入れたんです。あれから三五年たちますが、メイクのスタッフで美容師免許をもっていないのは、後にも先にも、ぼく一人です」

メイクの仕方は、映画もテレビも基本的には同じだが、それでも戸惑うことが多かった。

「映画はカメラが一台でカット撮りなんで、ライトを自由に移動できるが、テレビは四、五台のカメラで連続して撮る。右から左から、場合によっては後ろからも撮られるうえ、アップがあったりする。そのため羽二重《はぶたえ》のアラが出たりするんです。影の関係で、ライトをフォローできないんで、むずかしかったですね。ライト自体、映画とテレビではちがいますから。両方やってみて、メイクに関しては、ビデオのほうがむずかしいと思いましたね。ただ、アイラインなんか映画のスクリーンだと大写しになるので、雑にやると、バッチリ出てしまいます。テレビだとブラウン管でボケがはいるので、アップの場合も映画ほど気はつかわなくてすみます。ハイビジョンになると、さらにリアルだから大変です」

撮影のためのメイクというと、反射的にドーランが思い浮かぶ。ドーランとはドイツのドーラン社のつくった製品がもとになっており、植物油に小麦粉をまぜたり、ラードでかたくり粉を練ったような白塗りのものだった。チューブにはいった練り状のもので、片山さんが京都に行く前後、この種のドーランが使われていたが、その後、次第にスティックやファンデーションのものにとってかわり、今は普通の女性が使う化粧品と、ほとんど区別がつかなくなっている。

ところで、映画のメイクの草分けは、アメリカのマックスファクター社である。ハリウッド映画で数々の実験的試みをへて、現在のようなメイキャップ術を確立したのである。日本では芸能関係の化粧品メーカーの三善とカネボウが、この分野に力をいれ、新商品を開発してきた。

メイク用の化粧品として大事なのは、化粧崩れをしないことだ。なにしろ、いくつもの強烈なライトに長時間さらされるので、汗が吹き出て、どうしても化粧が崩れてしまう。その後、ライトとカメラが改良され、崩れることは少なくなったが、カメラ写りなどを考慮すると、やはり撮影用の化粧品をつかったメイクが必要なようだ。

ハイビジョン時代をむかえ、ポーラ化粧品や資生堂なども、この分野に参入しているということで、さらに自然に近いメイク法が開発されつつある。

## 色と光の戦い

片山さんたちメイクを手がける人は、絶えず色をミックスしたりして、メイキャップ術の向上を心がけている。一方、化粧品会社でも、片山さんたちの出してくる色見本に対応できるような化粧品の開発に、励んでいるということだ。

「昔は、今とちがって、いろんなメーカーのを、俳優さんに合わせて自分で色を練りあわせて使ってたんですよ。お姫様だったらお姫様用、殿様だったら殿様用と、役作りに応じて、こっちで作るんです。ぼくがＮＨＫに来たときは、まだモノクロでしたけど、そういうきめ細かいことをしていなかったんで、みんな単色になる。それだと、ライトが当たるとポスターになってしまう。生活感のある生きた肌色にするため、いろいろ試行錯誤をしました」

カラーになったときが、一番苦労をしたと片山さんはいう。照明やカメラの技術スタッフと一緒になって、日夜研究した。着物の色彩などより、肌の色がとくにむずかしかった。肌は中間色なので、技術スタッフは色が出ないからと、ホワイトバランス、これは白と黒を基準にするが、それを例えば障子の白がよく出るように調整してしまい、中間色はどうしても後回しになってしまう。

「『天と地』のときですけど、石坂浩二さんや滝沢修さんなんか、三度も四度も色を塗り替えてもらったことがありました。肌がどうしてもレンガ色になってしまって、自然の色ではなくなるんですよ。ライティングの関係で色がとんでしまったこともあります。本番が始まる前にテストするんですが、本番中にも色を変えたことがあります。中間色をライトとの関係でどう出すか、研究がまだそこまでいかないうちに撮影に入ったもので、あのときは苦労しました」

と片山さんは、懐かしそうに語る。

いろんな試みをへて、現在、メイキャップ術は格段に飛躍したが、まだこれで十分ということはない。

「役者でも色の黒い人と白い人がいますね。色が白い人は条件がいいから、きれいに出る。色黒の人やグレイッぽい人は、塗った色が浮いてしまうんです。茶色っぽい人も、地が黒いので、いかにも塗りましたって、お面みたいになりがちです。ですから、地黒にあわせたり、日焼けにあわせたり、赤みをつけたり、微妙に色を調合するんですが、これはもう、その人のセンス、色彩感覚に頼るしかないですね」

メイクは、顔だけではない。

例えば時代物で、武士が矢を射るシーンなど、上半身裸になる場合がある。そういうときは、肌が見える部分もメイクをする。手抜きしていると、片山さんたちプロが見ると、すぐにわかるという。

「俳優さんによっては、そこまで徹底することはないという人もいますけど、杯を口にもっていったとき、袖口から腕の肌がのぞくと、手の甲と色がちがっていたりする。そういうところまで細かく神経をつかう必要があるんです」

メイク側からの注文としては、ゴルフや水泳をするのもいいが、時代劇に出る人は、あまり肌を焼かないでほしいということだ。撮影用の化粧品が進歩したといっても、真っ黒に日焼けしたり雪焼けしてしまうと、それを隠すことは極めてむずかしく、不自然な画面になってしまう。役者根性に徹している人は、夏にゴルフをする場合なども、両手に手袋をはめ、まばらに日焼けしないよう心がけている。というより、そもそも日焼けしすぎるようなことをしない。

現場では、演出サイドからの注文のほか、役者サイドからの注文もあり、それを案配して、手早くメイクしなければならない。その場合、役者の癖を飲み込んでおくことも、メイクとして必要なことのようだ。

「年配の女優さんと若い女優さんでは、メイクに対する要求も微妙にちがうんですよ。個人の好みもありますしね。色の好みひとつとっても、例えば岩下志麻さんなんかは白系が好きだし、大原麗子さんや佐久間良子さんはピンク系が好きだったり、人によってちがうんです」

老け役というのも、メイクの重要な役割だ。

以前は、シャドーとペンシルで陰影をつけていた。それが、伊丹十三監督が『タンポポ』という映画で、ハリウッドのラテックスというゴムの特殊メイクを使ってから、変わったという。

「ぼくらも、ラテックスを使って五、六年研究をやったんですよ。ハリウッド映画のゾンビなどに使うゴムですね。それを顔に塗ってドライヤーをかけるんです。すると、皺になってリアルに老けてくる。ただ、これは熱と汗に弱くて、長時間もたないんです。女優さんでこれを一日やってたら、一時的に皺《しわ》が残る。それを平気だという女優さんもいますが、皺が残るから嫌だという人もいる。どんどんやってくれといってのってくる女優さんもいれば、皺のないおばあさんもいるわよって、嫌がる人もいるし、人さまざまです」

大河ドラマというのは一代記ものが多いので、若いときから老け役まで、一人の役者が演じなければならない。皺を嫌う人は衣装や鬘、それに小道具などで老けっぽくするが、メイクとしてはやはり、役のほうを尊重して、のってくれる役者を歓迎する。

かつて、カンヌ映画祭のグランプリをとった『楢山節考』(今村昌平監督)で、坂本すみ子が、老女役に徹するため前歯を抜いてしまった例もある。そこまで徹底する必要はないかもしれないが、プロ意識が強い人は、おのずと気持ちが画面に出るものである。

片山さんが担当した役者のなかで、すごいと思ったのは栗原小巻だという。

「あの人は舞台女優ですから、汚してもどうしてもいいって、いってくれました。『黄金の日々』でフィリピンへロケに行ったり、TBSの『望郷の星』では中国ロケに一緒に行きましたけど、このときの汚しはすごかったですね。とにかく、役者根性がすごいと思いました。きれいな女優さんで、わたしは汚しは似合わないといわれたら、やりようがない。メイクとしては、汚しのほうが、それは面白いし、やり甲斐がありますよ」

肌を整え、きれいに映るようにするだけではなく、痣《あざ》とかカサブタ、血糊、水疱瘡《ほうそう》などを作るのも、メイクの仕事である。

具体例として痣は、どうやって作るのか。

「ランニング・カラーという十二色（油性）の色があり、そのなかから赤や青をまぜて塗るんです。死人の顔は、ドーランにランニング・カラーのブルーとホワイトをいれます。ま、一種の絵描きと同じですよ」

と片山さんはいって笑う。

## メイクのしがいのある顔

片山さんは、これまで何千何万人もの役者の顔を作ってきたが、メイクのしがいのある顔とそうでない顔がある。

「彫りが深くて、個性的に決まっている人の顔って、作りにくい。変えようがないんですよ。今まででもっとも作りがいがあったのは、平幹二郎さんですね。平さんは、ふっくらして平面的でしょう。だから、そこにシャドーを入れていけば、立体的にできる。渡辺謙さんなんかも、作りがいのある顔です。男の役者の場合、作って一番いい顔になる年代は、四十から四五歳ぐらいのときですね。渋みがあって、年輪が出てきて、メイクをしていても、ああ、いいなと思います。若武者も若さにあふれていていいんですけど、やっぱり、中年です。女優さんについては、あえていいませんが」

と笑った。

この何十年間の日本人の顔の変化についても、片山さんは感じるところがある。

「今は背が高くなりましたけど、顔が小さくなりましたね。昔は短足で顔が大きかった。女優でも水谷八重子さん、山田五十鈴さんなどは顔が大きいし、千恵蔵さん、右太衛門さん、嵐寛さんとか、みんな顔が大きいから、鬘をかぶっても映えるし、豪華に見えるんですよ。今の若い人は顔が小さくなっているんで、鬘負けしてしまってるんです」

片山さんが、メイクをしていて、一番むずかしく、またやり甲斐のあるのは、眉毛だという。とくに時代劇の場合、眉毛が重要なポイントとなる。

「アイラインや口紅、頬紅は、誰がやってもだいたい同じなんです。眉毛の形は、室町時代、戦国時代、江戸時代と、みんなちがうんです。町人と武家、公家、浪人によっても、形が全部ちがいます。シーンによっても描きわけます。例えば戦場のシーンだったら、眉毛がたって勇ましくして、不精ひげをつけ、汚しをかけます。ところが館へ帰ったら、リラックスして側室などとからむシーンは、側室は色が白いですから、日焼けなどもおさえて、白めにするとか。シーンで役づくりをして、微妙に変えていくんです。そういうことも、みんな頭に入っていないと、勤まりません。

眉毛を描く場合、眉ペンシルを使う人もいますが、それだと失敗するケースが多いんで、ぼくは毛筆を使ってます。習字で使う小筆です。小筆の芯の固いところと柔らかいところをうまく使って描くと、産毛なんかもきれいに描ける。薄く細く筆をいれて、中で芯を通すんですが、これができるまで三年や五年じゃきかないですよ。眉毛が一番むずかしいですね。ですから、眉がきちんと描ければメイクとして一人前です」

顔を作る時間だが、主演クラスで平均二、三十分。鬘に二十分、衣裳に二十分、合計一時間から一時間半かかる。老け役となると二時間は必要で、現代物だと、髪もいれて四十分程度ということだ。

## メイクの美学

電車やバスに乗ったときでも、片山さんは職業柄、どうしても乗客の顔に目がいき、このメイクは使えるとか、この眉の形はどうこう——と自然に考えてしまう。やはり、人の顔にこだわるのが習性になっているようだ。

「ですから、大河などで一年間おつきあいした役者さん、例えば平さんの顔が頭に残っていて、平さんはここに黒子《ほくろ》があったなとか、顔の細部を覚えてしまって、なかなか消えていかないんですよ。主演の役者さんの顔が消えていくのに、二倍の二年はかかりますね」

メイクを長年やっていて、嬉しかったことのひとつに、『太閤記』のときに文藝春秋のグラビア記事で、秀吉の緒形拳、信長の高橋幸治、光秀の佐藤慶などの顔が肖像画に似ていると指摘されたことがある。それを片山さんは、メイクに対するお褒めの言葉と受け取った。

現在、片山さんは、NHKアートを定年退職し、NHKアートの子会社であるスタジオ装美というところで、メーキャップ部長をしている。現場から離れて、後進の指導に当たっているのだが、たまに現場を見に行くと、熱くなることもあるという。

スタジオ装美では、NHK以外に民放や映画の仕事も請け負っている。

外から見ると一見華やかに見えるのか、メイクを希望する若い人は多い。しかし、華やかな面にひかれてくると、長つづきしないようだ。

「有名な俳優さんと近づきになれる、といったミーハーな気分でくる人は駄目ですね。朝早くから真夜中までやる仕事ですから、体力や根気もいるし、センスも当然必要とされます」

片山さんは例外中の例外だが、メイキャップを志す人は、美容師の国家試験を受け、美容師の免許をもつべきだという。

メイクの養成講座をもつ学校として、山野美容学校や東京マックス、メーキャップ・アーティスト学院、それに資生堂の経営するメイク専門学校などがある。片山さんの会社に入ってくる人の多くは、こういう学校を出ている。ただ、学校を出たからといって、現場ですぐ役立つわけではない。

「時代劇の場合、一から教えるんですよ。ぼくの若いころは、独学しなければならなかったんで、その点、今の若い人は恵まれてます。ただ、恵まれている分、昔の人のように、研究熱心でなくてもすんでしまうというマイナス面もありますけどね」

片山さんは、自分独自のメイクを確立するため、これまでブラック・パウダーとか、パールとシルバーの白毛染めを考案した。そのいくつかは、メーカーの協力を得て商品化されているという。メイクの「美学」というものも、片山さんはもっているようだ。その一端を紹介すると——。

「人間の顔は左右対称じゃないんですよ。だから、ぼくは、わざと右と左の眉毛をちがうように描くんです。肌色も右と左で変えます。テレビは静止画像ではないんで、役者が顎をひいたり眉間に皺をつくったり、いつも変化をしているんで、正確に対称にする必要はない。だから、必ず崩すんですよ。役者によっては、それが怖いんですね。知らない役者さんは、なんで汚すのかという。汚すんじゃなくて、これが陰影などになるんです。肌が生き生きしているときが、一番リアルに写るんだっていうと、納得してくれますが」

他の部門では技術革新が著しいが、メイクに関しては、基本的に何十年前と同じだし、これから二十年三十年たっても、同じではないかと片山さんはいう。メイクを機械化するわけにいかないし、あくまで手作りである。材質も現在使っているものとそれほど変わらない、というより、代わる材質がない、と断言する。

やはり人なのだろう。手仕事で熟練が必要とされるので、一人前になるのに、メイクの場合、少なくとも十年はかかる。その時間に、若い人がどう耐えてゆけるか。

現在、ファッション・ショーや舞台、コマーシャルの仕事にかかわっている人も含めると、メイクは千人近くいるということだ。

それぞれ面白い仕事なのだろうが、片山さんの経験では、テレビドラマ、それも時代劇のメイクが、もっともむずかしく、きつい。しかし、その分、面白いし、やり甲斐がある。低くて登りやすい山ではなく、高く険しい山こそ、頂上に達したときの感動は強いものだが、それと同じことなのかもしれない。

メイクに限らず、職人仕事に、厳しさ困難さ、そしてそれに耐える力はつきもので、安易とか楽とかいう言葉は似合わないということか。

# 5

## スペシャル・スタント

# 一秒に命をかける男

髙橋勝大

安全を心がけていますけど、考え方が素人の人とはちがうんです。ぼくたち、骨一本折れたんだったら、安全。裂傷とか打撲しても、このくらいの痛さまでなら安全だと思うんです。痛い痛い商売ですから。痛みの感じ方がちがうわけですよ。普通の人には我慢できなくても、われわれはちょっと痛いですんでしまう。痛みを痛みと思わない精神修養をしてるんです。

## 合計三十段の陽気な武道家

裏方というと普通、画面には姿を見せないものだが、画面に身をさらしながら、決して表には出ない影の存在。その典型的な例が、スタントマンである。

昔は吹き替えとか代役などといった。カーチェイスや高所からの飛びおりなど危険なアクション・シーンを、俳優の身代わりとなってこなす。一分一秒といった凝縮した時間のなかに、命をかける仕事といっていいようだ。

「ぼくは、オールラウンド・プレイヤーですね。二輪、四輪の特殊運転や各種のボディアクション。海や空もふくめて、飛び込んだり高いところから落ちたり、車にはねられたり、火だるまになったりのボディスタント。潜水や火薬操作もやります」

豪放磊落《らいらく》といった趣のある髙橋勝大《まさお》さんは、川崎市麻生区にある自宅兼事務所の応接室でこう語る。

階下には何台もの車やタイヤ、酸素ボンベ、鉄材、工具類などがところ狭しとちらばっている。以前は、ここでムーンという名の愛馬も飼っていた。もちろん、映画やテレビに出演し、それなりの演技もする馬である。

髙橋さんは現在、タカハシレーシングというスタントチームを率いて、映画やテレビの制作現場で、日々エネルギッシュに活躍している。仕事の質と量において、現在のところ、日本では右に出る者がいないといっても、過言ではない。

これまでかかわった作品の一部を列挙すると──映画では『ビッグマグナム黒岩先生』『マルサの女』『優駿』『修羅の伝説』等々。テレビ作品は『Gメン』『スクールウオーズ』『とんぼ』『刑事貴族』『七人の女弁護士』『北の国から』等々。その他、『カトちゃんケンちゃん』といったバラエティ番組やイベントなど、こまかいものも加えれば、これまで何千本という作品に、スペシャル・スタントとしてかかわってきた。

スタントマンというと、俳優の千葉真一が率いていたジャパン・アクション・クラブが有名だが、髙橋さんにいわせると、

「あそこはアクションマンのグループであり、うちとは全然内容がちがう」という。

スタント(stunt)とは、新英和中辞典(研究社)によれば「妙技、離れわざ、曲乗り飛行、人目を引くための行動、人気取り」という意味である。ここからスタントマンという用語が生まれ、今やハリウッド映画などでは、シーンを派手に盛り上げるためになくてはならない存在となっており、その地位も高い。

日本では制作費の関係もあって、苦労のわりに経済面などでも、他の多くの裏方職人と同様、けっして恵まれているとはいえない。

それでも、彼らを、地味でありながら同時に派手でもある、スタントという仕事に向かわせるものは、この仕事が好きであるということにつきる。

「ぼくのところには、十人ほどの若者がいますが、みんな体を動かすことが好きなんですね。水上スキーをやったり、スキューバダイビングをしたり、オートバイを走らせたり、まあ、遊びや趣味の延長線上で金をもらってるようなもんです。肉体的には、きついし、危険な目にあうこともありますけどね。今の若い者は、ぼくみたいに指導する人がいて、安全面に気をつかっていますけど、ぼくがこの仕事を始めたころは、師匠などいないし、まったくの手さぐりでやってたんです。ですから、ぼくは、骨を四十本ぐらい折ってますよ」

むしろ小柄といっていいような体躯だが、赤銅色に日焼けした肌の下は、筋骨隆々としており、スポーツの万能選手といった雰囲気である。空手や柔道、剣道、居合抜きなどの有段者であり、取得した段は合計で三十段ほどになるという。しかし、人を寄せつけない陰鬱な武道家といったタイプではなく、ヤンチャな少年の面影を残した陽気で話し好きの社交家といった趣で、細やかな気くばりのできる人でもあるようだ。

## 脈々たる芸能の血

経歴を知って、なるほどと思った。

髙橋さんは昭和二二年、両親が疎開していた群馬県の水上で生まれた。六人兄弟の末っ子だった。父は義太夫の竹本小駒太夫である。

「義太夫語りとしては、昔は有名だったんです。世が世なら、無形文化財になってたんじゃないかと思います。歌舞伎座で先々代の団十郎さんなんかと、一緒にやってました。そんな関係で、実はぼくも、歌舞伎の子役をやってたんです。小学校の低学年のときですけど、先々代の音羽屋さんの養子になれっていわれたこともあります」

演《だ》し物として記憶に残っているものの一つに、『阿波の鳴門』がある。音羽屋とならんで写っている写真があるが、このとき、おつるという女の子の役をやったときのものだ。

母のすすめで始めた。地方巡業などに出るため、各地を転々とする生活をした。まだ日本が貧しかった昭和二、三十年代、歌舞伎といっても地方では筵《むしろ》の小屋がけであった。義太夫の父が、合の手をいれてくれたことを、髙橋さんは覚えている。

祖父も群馬の山村で義太夫語りをしており、巡業にきた歌舞伎の団十郎と一緒に舞台にあがったこともあるという。

祖父から父へと芸能の血が脈々と流れているようで、髙橋さんの兄と姉は、東宝からわかれてできた映画会社、新東宝の俳優になった。姉は芸名、美船洋子、兄は高橋市郎で、何本もの映画に出た。兄は俳優であると同時に殺陣師も兼ねていたが、現在は引退して日本舞踊の家元になっている。

髙橋さんが、芸能界に足を踏み入れ、さらにスタントを手がけるようになったことについては、兄の影響が大きかった。兄と姉の引きもあって、小学校四年のとき、歌舞伎の子役をやめ、新東宝の映画に出ることになったのである。

「当時、学校の体育館などでよく上映されていた教育用の子供映画です。それを新東宝で作ることになって、ぼくも主役で何本か出ました。宇津井健さんが出ていた『スーパージャイアンツ』という映画に子役で出たりもしました。でも、ぼくの出た映画を学校の体育館で上映したときなんか、クラスの連中が、あ、タカハシだなんていう。するともう、恥ずかしくて、便所に隠れたこともありましたよ。映画も嫌いでしたね。表面に出るのがいやだったんです」

それでも、周囲の大人に、だましだまされて、教育映画には合計十本ほど出演した。その間、一家の住所も、神奈川の井戸ケ谷や金沢文庫、祖師ケ谷大蔵などを転々とし、ようやく成城に落ちついた。

地元の中学に通うようになってからは、ときどき兄の殺陣師の仕事を手伝ったりする他は、スポーツに打ち込み、万能選手ぶりを発揮する。運動神経には天性のものがあったようで、馬には、早くも三歳ぐらいのときから乗っていた。

「ちゃんとした鞍をつけて乗ったのは五歳ぐらいのときですけどね。面白い話があるんです。水上の疎開先で裸馬に乗って田んぼの畦道を走ってる子供がいたらしいんですよ。うちのおふくろが、危ないね、落ちて怪我でもしたらどうするんだろ、どこの子だろう、親の顔が見たいねって。そしたら、その子はてめえの息子、つまりぼくだった」

馬のあつかいに慣れていたうえ、身が軽かったので、子供が馬に乗るときの吹き替えなどもやった。中学三年の夏休みには、内田良平主役のテレビ映画『戦国群盗伝』のロケに兄とともに参加し、馬の調教をまかされた。

調教の仕事は役者より面白かったが、中学時代、髙橋さんが本気で打ち込んだのは、スポーツだった。球技は苦手であったものの、個人プレーでは天賦の才を発揮した。水泳部と体操部、柔道部、剣道部それにサッカー部にも籍をおいていた。

「顧問の先生に、ひっぱられたんですよ。水泳ではナンバーワンでしたし、体操でもトリプル宙返りをやれましたしね」

当然、校内では注目される存在だった。それだけエネルギーがあふれていたのだろう。スポーツばかりでなく、中学二年のときには生徒会長をやり、同時に番長もはっていた。一方、『戦国群盗伝』は一年間の放送なので、夏休みが終わっても、ときどき手伝いに行っていた。

## ひとりで山ごもりして武者修行

いくらエネルギッシュでも、中学生でこれだけの生活をかかえていると、どこかに無理が出ないほうがおかしい。「群盗伝」の仕事が終わったあと、髙橋さんは二か月ほど学校に行かなかった。

「なんだか人生が嫌になって、雲隠れしちゃったんですよ。家出というわけではないんですけど、山ごもりをしたんです。奥丹沢にテントをもっていって」

格闘技に目覚めていた髙橋さんは、木刀やヌンチャクなどを持参して、武者修行のつもりであった。

「どこか宮本武蔵になった気分でした。山に一人でいると、神経がとぎすまされて、はじめの一週間は、気が変になりましたよ。夜になると、落ち葉の音や枝がバキッと折れる音などが、異様に大きく聞こえてくる。野性の動物もいましたけど、ぼくは、そういう音が怖かった。それで、眠れないんです。そのうち、慣れというのか、どうでもなれという気分になった。それからは眠れるようになり、朝の目覚めは心地よかったですね」

生活は自給自足である。獣道《けものみち》に罠を仕掛け、兎などの動物を捕らえて食べたりもした。

「ナイフ一本と塩で調理しました。どこかで覚えたんでしょうね、罠の仕掛け方も知ってましたよ」

このときから、髙橋さんはときどき一人で山にこもるようになった。高校二年のときには、二か月連続して山ごもりをした。

「はじめは米をもっていったんですけど、最後の一週間は食べ物がなくなってしまうんで、あとは山でとってくるしかないわけです。動物的な勘というのか、よくものが見えるようになりましたね。落ち葉の落ちてくるのなんかもわかるし、動態視力が養われます。何回も死に損ないましたけど」

罠で十二、三キロの猪をつかまえ、食べたこともある。両親は心配し、行方をさがしたが、度重なるとあきらめてしまった。学校には病気と称していたが、やがて山ごもりがわかってしまい、また学校にもどることになった。

得がたい経験であり、どんなことをしてでも生きていける自信がついたという。そういう行動をとった一因として「先生のいじめ」もあった、と高橋さんはいう。

「うちは他の家とちがって派手ですからね。冬に学生服の下に、赤のシマのあるセーターを着ていったんです。そしたら、先生が、タカハシ、派手なの着てくるなと怒った。でも、家には派手なものしかない。それで次の日も同じセーターを着ていった。すると駄目だって怒る。それで、学校に行く気がしなくなったんです」

少年時代の高橋さんのエピソードはつきない。

やはり中学のときだが、友人と相模湖にサイクリングに行って、坂で隣を走っていた競輪の選手をブッチギリで追い抜いたことがある。坂の頂上で、その競輪選手は感嘆して、高橋さんに競輪の選手になるよう、しつこくすすめたりした。

将来何になるか、考えてもいなかった。とにかく高校には行こうと思い、地元世田谷にある私立明正高校に入った。

しかし、ここでも普通の生徒ではありえない。とにかく目立つので、先輩たちの目の仇にされやすいのである。衝突したりして退学せざるをえなくなり、農大付属高校や国士舘高校など、いつくか転校している。最後はまた明正高校にもどってきて、形のうえでは卒業しているのが、面白いところだ。

高校生になってからも、ときどき兄の手伝いで、ビルの四階から落ちる役をやったりした。千葉真一のスタントマンをつとめたこともあった。

「ただ、ぼくは、どうも芸能界というか、この業界が好きではなかったんです。武道家なんかは好きでしたけどね。自分の師とあおぐ人のためなら、なんでもできる、死んでもいい。そういう精神が好きだったんですよ」

ただ、武道家の修行に専念するには、周囲の環境はあまりに派手で、また遊びたい年頃でもあった。友人とバンドをくんだり、湘南海岸にサーフボード乗りに行ったりした。

その後もひきつづき馬の調教などのアルバイトをしていたので、お金に困ることはなかった。オートバイに乗ったのは十六歳、四輪免許は十八歳でとった。

高校卒業後、親類の紹介で会社勤めをしたものの、長つづきしなかった。

「登戸にあったプレス会社ですけど、四日でやめました。そのあと狛江にあったカゴメケチャップに運転手のアルバイトとして行ったんです。それが半年つづきましたかね。その間、『忍者部隊月光』とか『隠密剣士』とか撮影の仕事にもときどき行って、鳥居の上から落ちるシーンなどをやりました」

## 愛馬との出会い

適当にアルバイトをして、適当に遊ぶという生活をつづけたあと、髙橋さんが馬の調教やスタントの仕事に、真っ正面からかかわるようになったのは、二十歳をすぎてからだった。

ＴＢＳ系で放送された『怪傑ライオン丸』にかかわったことが、転機をもたらしたのである。

「この番組で白い馬を使うことになって、ぼくは高崎に馬を買いに行ったんですよ。天馬みたいに馬に羽がついてる設定でした。でも、馬にしてみれば、横にへんな羽がついてるし、いやがって、ウイリー（後足で立ち上がる）したりして、最初、調教には手がかかりました。撮影の雰囲気も特殊ですし、馬は神経質ですから、大変です。潮哲也さんが主演でしたけど、危ない立ち回りは全部、ぼくがスタントとしてやりましたね」

その当時の、羽をつけた白馬の写真が、髙橋さんの家の応接間に飾られている。もともとは、高崎競馬でツキノボルという名で走っていた競走馬だった。髙橋さんはムーンという名をつけた。サラブレッドの血がまじっているわけだが、小柄でサラブレッドらしくないのが、気にいった理由だった。

「高いと役者さんが乗れないですからね。この馬は三十いくつまで生きましたけど、家族同様に可愛がりましたよ。人間なら百歳を越える年齢で、大往生でした」

住居の一階に、そのまま馬小屋が残っており、今は物置になっているものの、毎年、命日には花を供え、線香をあげる。それだけ愛着のある馬であったが、買ったとき、実は騙されたと思った。

「忘れもしません、雪の降っていた日でした。高崎まで行ってムーンを見たとき、顔がいいし、いい馬だと思った。五十万円をその場で払ったんです。次の朝、馬がきていた。馬喰《ばくろう》が帰ったあと、ひいてみると、これが脚に障害があったんですよ。潰して肉にしたら十二万ぐらいです。で、ぼくは仕方ないから、治そうと思った。当時、ぼくは体重八十キロあったんですが、重いと馬に負担がかかるんで、毎日キャベツのサラダを食べて一か月で二十キロ減らしましたよ。毎日、その馬を多磨霊園の乗馬クラブの小高い山につれてって、登ったり下りたりさせました。足のマッサージもしました。それでなんとか治したんです。馬が恋人みたいでしたね」

ムーンは『仮面ライダー』に出演したり、数々のドラマに出た。

## カースタントの第一人者に

馬にかかわる一方で、おもに二輪と四輪の車のスタントを、仕事の中心にすえていった。昭和三八年(一九六四)、兄が中心になってスタントマン専門の『日本冒険俳優クラブ』を設立したが、高橋さんはそこの技術指導部長として後輩の指導にあたるとともに、数々の映画やドラマにスタントマンとして「出演」した。

『戦場の野郎ども』（松竹）や『くらやみ五段』（NET・現テレビ朝日）『太閤記』（NHK）などに出たが、危機一髪という場面に何度もあっている。『くらやみ五段』で飛行中のヘリコプターの縄ばしごに片手でぶらさがるシーンに出たときなど、百五十メートルの空中で力つきて落ちそうになり、片手のカバンを捨ててかろうじて命びろいをした。また前述した『戦国群盗伝』の御殿場ロケでは、落馬のシーンに失敗して馬にひきずられ、背中の皮がほとんどはがれるほどの重傷を負った。

「安全を心がけていますけど、考え方が素人の人とはちがうんです。ぼくたち、骨一本折れたんだったら、安全。裂傷とか打撲しても、このくらいの痛さまでなら安全だと思うんです。痛い痛い商売ですから。痛みの感じ方がちがうわけですよ。普通の人には我慢できなくても、われわれはちょっと痛いですんでしまう。痛みを痛みと思わない精神修養をしてるんです」

その後、兄は他の世界にうつり、髙橋さんが中心になって、タカハシレーシング・チームを設立、今に至っている。

車については、子供番組で、オートバイのスタントをやらせてもらったのが最初の仕事だった。『鉄人タイガーセブン』や『ザ・ボーガー』『影スター』『スパイダーマン』などをへて、大人の番組では『特別機動捜査隊』のカースタントを手がけ、以後『Gメン75』から『Gメン82』までの他、東映の極道シリーズなど、数えきれないほどのカースタントをこなしてきた。

車をスピンさせたりクイックターンさせたりする特殊技術は、アメリカのアクション映画などを見て勉強したが、実地訓練はアルバイトでタクシー運転手をしていたときに、独学で習得した。
「当時、車なんて高くて買えない。タクシーだと乗り回せるわけです。午前中は、山や川へ行ったりして、練習し、夜だけ働くんです。いろんな練習をして車を痛めつけるわけですから、当然、車の傷みも早い。修理屋のおじさんに怒られたけど、ぼくの出たテレビを見て、車に特別の細工をしてくれたんです。ガクガク揺れて、乗り心地は悪いし、お客さんにはかわいそうだけど、また、それで練習したんです」

そのとき覚えた運転テクニックが、髙橋さんの基礎になっている。

髙橋さんが運転する車に乗せてもらい、ＴＢＳの緑山スタジオ脇の空き地で運転テクニックのごく一部を体験したが、スピンやクイックターンなどの際、まるで遊園地のスリル満点の乗り物に乗っているような気分になった。タイヤがコンクリートにこすれて白煙をあげ、ゴムの焼けた匂いがただよう。テレビ画面で見るより、ずっと迫力があった。

危険と隣あわせにいながら、危険を回避し、見るものにスリルと興奮を与える。それがスタントの精神である。

『カトちゃん、ケンちゃん』では、年に何度か、カー・アクションの特集があり、髙橋さんが、アイデアを考えるとともに、自らスタントとして出演したりした。炎のなかをくぐったり、車を斜めにして片側のタイヤだけで走ったり、走る途中で車の後部がなくなったりのコメディ・アクションである。派手なうちでも、もっとも派手なのはジャンプだという。時速六十キロ以下だと失敗するので、ジャンプする前の助走に気をつかう。

ギャラについては、いろんなケースがあって一概にはいえないが、一日の拘束料のほかに、一回車で転がっていくらとか、すべって転んでいくらとか、アクションごとに料金をつける場合と、カット数に応じてワンカットいくらと計算する場合がある。

車は買い取りなので、どんなに破損してもかまわない。崖下に落ちた車などは、放置することなく、たとえ費用がかかっても必ず回収する。職人としての心得である。

当然のことながら、視聴者を楽しませるため、いかに華やかに派手にアクションをするかをいつも心がけているが、そのためには緻密な計算を必要とする。例えば、人間が火だるまになる場合でも、いろんな形があり、どう燃えるかの美学がある。ただ燃えればいいというものではない。ファンタジックなシーンには、それにふさわしい燃え方を考える。そのため、何種類ものオイルを使って、その作品に一番ふさわしい炎の形を考えたりもする。

「日々、練習と研究です。若い衆に命をかけさせているわけだし、ハンパなことはできない」

と髙橋さんは強調する。

危険を回避する手段をいろいろ講じてはいるものの、ワン・カットに命をかけているので、へんな妥協はしたくない。以前、髙橋さんはロケ現場で有名なアクション・スターとぶつかったことがある。画面では馬を恰好よく乗り回していても、実際の技術はたいしたことのない役者がいるが、そういう人に限ってプライドが高く、裏方に横柄な態度に出る場合がある。そういう態度を見ると、髙橋さんはムカーッときてしまう。表方はあまり気づいていないようだが、裏方というのは、実によく表方を見ており、批判の目を育てているのである。

「彼が乗った馬を真ん中に、右に五頭、左に五頭の馬が並んで前に歩いてきて、ピタリと止まるアクションをしたときです。彼は妙に乗馬に自信をもっていて、ぼくのいうことなどきかない。ところが、他の馬の乗り手は、ぼくが訓練したから、素直に従うのに、彼の乗った馬だけが、スーッとどっかに行っちゃう。何度やっても駄目なんです。そうすると、彼は馬が悪いっていう。で、ぼくが乗ると、ちゃんということをきくわけです。あれじゃ、ロバに乗っても同じだなって、思いましたよ。結局、両サイドの乗り手に、彼の馬が前に出ないように、手綱をおさえたりしてもらって、ようやくできたんです。結局、ぼくがみんな悪いことになってしまいましたけど」

## 危険なことを安全にするのがプロ

スタントマンはカッコいいと思い、弟子入りしたいという若い人がときどきやってくる。しかし、意外にも、反射神経は関係ないと髙橋さんはいう。

最初にミニトランポリンをやらせるのだが、鈍い者はすぐわかる。だが、鈍いというだけで、はねつけることはしない。その人のもっている基本的な能力に応じて、調教の仕方がわかるのだそうだ。厳しさと愛情の両輪が必要であり、馬を調教するのと、基本的には変わらないようだ。

晴れて「入門」すると、三年間はデッチ奉公をさせる。最初はガレージ掃除と車みがきだ。半年たつと、現場に行って、撮影のために一般車両をとめたりする下働きをする。そして一年たつと、エキストラとして、その他大勢と走ったりする。三年で社員となり、固定給にプラス作品ごとの歩合給がつくシステムである。

スタントマンに向いている人は、べつに役者の素養などはいらない。しかし、車の運転がただうまいというだけでは駄目だという。

「まずハートがなければ駄目ですね。それと正直なこと。ガッツとか根性というのは、徐々に芽生えていくものです。大事なのは、ひとに恥をかかせないよう、周囲と調和をとれることです。チームプレイですから、唯我独尊はだめです」

この仕事の面白み、やり甲斐は…。

「ひとつの仕事を無事にやりとげることの爽快感ですね。人にはできないようなことを、やりとげる。それが爽快感につながるんです。そのためには、下準備とかトレーニングを一二〇パーセントするんです。健康管理にも、非常に気をつかってます」

スタントというのは、うまくいって当たり前の世界であり、なにが起こっても機敏に対処する判断力が大事である。それと、やはり思考能力。車のジャンプなどの場合、速度やジャンプ台の角度などを緻密に計算して試みる必要がある。

危険なことを安全にやるのがプロである、と高橋さんはいつも若い人に語っている。

スタントの世界に入って三十年余り。髙橋さんなりに独自の世界を開いてき、今は自分が開発、獲得した技術をいかに、あとから来る者に伝えるかに、関心をもっている。ただ、現状と将来展望については、やや悲観的だ。

「これはテレビや映画界に限りませんが、みんなサラリーマン化してしまって、本当の意味の芸人がいなくなってますね。芸人が必要とされなくなってるんです。ちょっと顔がきれいだとか、話題性があるとかで、実力なんか関係なく人気を得ていく。一億総タレント化といわれましたけど、一億総素人ということです。少なくとも、われわれは、素人ではできないプロの仕事をつづけていきたい」

職人芸の持主としての自負であり、同時に、お手軽なマニュアル芸が通用してしまう、現状に対する苛立ちや怒りのようでもあった。

# 6

## トータル・フードコーディネーター

# トスカーナ留学の成果

小川晴子

……裏方のわたしたちには、他の料理番組はあまり役に立ちません。むしろトーク番組やドキュメンタリーなどの方が、何かを生み出すエネルギーになりますよ。本もそうです。歴史や色についてのものとか、ファッション性のあるものとか、他のジャンルの方が触発されることが多いですね。

## 食べ物をトータルに捉える

グルメブームといわれて久しい。究極の店とか料理の鉄人とか、雑誌でもテレビでも美味しい話題に事欠かない昨今である。本来、裏方であるはずの料理人がこれほど表舞台で活躍する時代も珍しいのではないか。その流れのなかにあって、相変わらず裏方ではあるものの、クッキングコーディネーター、フードスタイリストといった横文字職業も市民権を得るようになっている。

小川さんの名刺には、トータルフード&クッキングコーディネーターとある。横文字にこだわったわけではないが、名刺をつくる際に、正確に仕事の内容を伝えようと考えあぐねて、少々長い肩書きになってしまったという。

「ここ五、六年でも、名刺をお渡しすると、『…といいますと、どういう仕事をやっていらっしゃるんですか』ときかれることがまだまだ多いですね。テレビの料理番組などの料理を作る仕事だというと、みなさん、何となくわかってくださいますけれども」

ほんの十数年前まで、それほどポピュラーな職業ではなかった。広告や雑誌の世界の周辺でそれなりに知られてはいたが、テレビの料理番組も今ほど多くはなかったし、そもそもどういう仕事なのか、どういう勉強をすればつける職業なのか、一般にはあまり知られていなかった。テレビに携わる職業のなかでも、もっとも後発の部類に入るだろう。

料理にかかわる職業のうち、板前、コック、シェフは男性というイメージが強いが、フードコーディネーターはほとんど女性というイメージがある。小川さんも雑誌などの取材で、なぜ、男性がいないのか、という質問をよく受ける。実際はどうなのだろう。

「グルメブームになったせいもありますが、今は男性もいますよ。ひと昔前は普通の主婦で、ちょっと料理の知識があって、ちょっと器が選べて、声をかければいつでも来てくれる人、という雑用係だったんです。そういうアルバイト感覚の延長線上できていますから、男性は一人前の職業として見ていなかったのではないかと思います」

小川さんは初めから、プロフェッショナルとしてこの世界に入った世代である。先輩たちの努力もあり、時代の流れもあって、最近は認知度も高まり、一つの職業として見なされるようになってきた。それでもスタートラインから、そう遠くはない。

「食材を用意して調理するだけなら、クッキングコーディネーターでもいいんですが、わたしの場合、食文化や食物栄養学、テーブルセッティングなども含めて、食べ物をトータルに捉えたいということがありまして。このテーマにはどういう食材を使ったらいいか、いま旬の素材は何か、どう見せれば効果的か、この食物は体内に入ってどういうエネルギー源になるか、この食品や料理を売り出すにはどういうアプローチをすればいいか。そういうことも仕事の範囲に入っておりますので、こういう肩書きでやらせていただいています」

それだけではない。料理教室を開き、雑誌にエッセーを書き、翻訳を手がけ、イタリア語の通訳も買って出る。トスカーナ料理のCD-ROMも出したというのだから、まさに八面六臂《はちめんろっぴ》の活躍である。

テレビでは現在、テレビ朝日の『料理バンザイ』、日本テレビの『3分間クッキング』などを裏方として支えている。画面に顔を出すことはめったにないが、われわれは知らず知らずテレビ画面で、小川さんの作った料理を目にしていることだろう。

## 掟破りのタレント料理からプロの料理まで

『料理バンザイ』は、俳優の滝田栄がホスト役になり、二人のゲストタレントに料理を披露してもらう番組である。小川さんを含めて数人のフードコーディネーターが、臨機応変にスケジュールを調整しあって、ローテーションを組んでいる。

この番組はあくまでもタレント自身が料理を作り、フードコーディネーターの作る料理は画面には出ない、スタッフ名が文字として出るだけである。

では、何をするかというと、ディレクターと構成作家とフードコーディネーターで、まずタレントに会い、食べ物の好みや得意料理などを探って、どういうテーマで、どういう料理を作ってもらうかを決める。それぞれの生まれ、育ちなどプロフィールを情報としてもらっておき、この二人の組み合わせなら、こういう方面にいくんじゃないかと、ある程度はリサーチしておくそうだ。普段、どんなものを食べているか、料理はよく作るかにはじまり、舞台やコンサートの上演、著書の紹介などもテーマの絞り込みの参考にする。

「料理をまったくしない方もいらして、三時間お話しても一つも出てこない場合がありますね。一人のタレントさんだけでは決められないし、二人の関係をつなぐものにしなくちゃいけませんでしょう。逆にお好きな方は気持ちいいほど素材がポンポン飛び出して、三十分ほどで打ち合わせが終わることもありますよ」

面白いことに歌手では演歌系に料理上手が多いという。凝ってはいないが、さばいたり、切ったりがうまく、素材を生かすシンプルな料理をつくる。全国を回って、ホテルで食事をすませたりせずに、その土地土地の料理を味わう機会が多いからだろうと、小川さんは分析する。

基本的にタレントのレシピは変えてはいけない。たとえ少々おかしな味つけでも、普通はそんなだしの取り方はしないとしても…である。それをいかにおいしく仕上げるか、自宅で何度も試作したり、目に見えない作業が多い。好きでなくてはできない仕事だろう。

「そのタレントさん流の個性ならいいんですけど、たまに料理としておかしかったり、科学的にできない場合があって。テレビの情報として流すのに、嘘があってはいけないでしょう。フードコーディネーターとして名前を出したくないと思うものもあるんです。プロデューサーに怒られますが、わたしとしても、なかなか曲げないものですから。生意気ですけど」

頑固さはある意味で、プロとしてのプライドと真剣さに通ずる。元気のいい小川さんだから、料理そのものに問題はなくても、タレントによって苦労したことも多いだろう。若手はまだしもベテラン女優や芸能界の重鎮などは、機嫌を損ねないように気配りをしながら、進めていかなくてはいけないのではないか。

「あら、こんな子が来たの、みたいな。『あれをそれしてちょうだい』といわれて、『あれって何ですか』と素直にきいて、『あんたってだめね』とお叱りを受けたり。急にこれを入れたい、あれを入れたいで、慌てて買いに走ったり、打ち合わせとちがうことも多くて、最初のころはストレスがすごかったですね。もっと年取っていればよかったのかなと」

最近では、ちょっとした気配りがうまく功を奏することもある。男性タレントなら、黙って最高の魚と良いまな板を用意すると、「よし、やってやるか」とのってくれたり、女性タレントなら、流行っている素材や花を飾ったらどうかとアドバイスして喜ばれたり、外国人なら、箸の代わりにスプーンやフォークを用意したり、要はデリカシーだ。

「滝田栄さんは、美味しいと妙に機嫌が良くて、気にいってるか、いないか、すぐわかりますね。ただ、出演者の作ったものを、まずくてもまずいとはいえませんでしょ。言葉を変えて、ぼくはこういう味、初めてだなとか（笑）。料理は本当にお上手ですよ。幸運にも滝田さんはイタリア料理が大好きですから、小川くん、小川くん、イタリアでこういう素材を買ってきたんだけど、どう料理したらいいかなときいてこられたり、話が弾むことも」

『3分間クッキング』は、料理の先生とアナウンサーが登場して、月曜から金曜まで毎日十五分、素早くできて美味しい料理の作り方を教える番組である。テキストにそって進めるので、撮影自体はひとつの流れができ上がっている。しかし、別の苦労もある。

まず、テキストのための料理を作るのだが、撮影日はテレビの収録より何か月か前になる。出版物の制作工程がスピードアップして、昔のように真夏に冬の料理を作ることはさすがに少なくなったが、それでも材料によっては、手に入れるのに苦労する。築地から何から、あらゆる所に電話をすることもあり、どうしてもないときはメニューを変えるしかない。

「バブルのころは香港まで買いに行ったりしたんでしょうけれど。春先にイガ栗がほしい、夏にクリスマスやお正月のものがほしい、なんていわれても困るものがありますよね」

しかも、作る料理の五倍は材料が必要だというのである。

例えばカボチャの煮物を作るなら、まず、切るシーンで、こういうカボチャがいいんですよ、とまるごと一個見せる。次に切って見せるシーンでは、全部切っている時間がないので、切ったものを用意しておく。煮るシーンでは、途中で煮ておいたものと取り替える。そして、最後に盛りつける。それを無駄なく用意するのに、頭を悩ませるのである。十五分の番組を作るのに、実際にどれくらいの仕事をすることになるのか。

まず、テキスト作り。『3分間クッキング』の場合、二か月分を一緒に撮るので、一日五十品くらいの材料を揃えておいて、先生の自宅で準備をする。

「先生が一緒にやってくださる場合と、わたしたちが全部やる場合とありますね。五十品ですから、カメラマンも食器を用意するスタイリストも大変ですよ。材料はどれくらいいるのか、何から始めるのか段取りを考えて準備します。何か月後かのテレビの撮影のために、ディレクターと先生とわたしたちで、実際に何分で料理ができるのか、どこを見せればわかりやすいか、どこをはしょるか、ああでもないこうでもないとやるわけです」

そして撮影当日、テレビは一日に一週間分（五日間）を収録する。事前に買い出しに行き、材料、鍋、皿、段取りを点検して、スタジオ入りする。材料を洗ったり、切ったり、煮ておいたり、下準備をしておくことも必要である。先生は台本を覚えて確認したり、メイクやエプロンをつけたり、カメラの前に立つ準備をしているので、手を煩わせない。

まずはリハーサルで実際に本番でやるように通しで作ってみて、それから本番である。火のほうと俎板《まないた》のほうにフードコーディネーターがコンビで控え、二か所を行ったり来たりする先生とアナウンサーを、タイミングよくアシストする。

先生が何秒でこっちに来るか、自分だけわかっていても、相方がわかっていないとうまくいかない。テレビは普通の料理教室とはちがって、その瞬間瞬間が大切だから、非常に集中力を要するという。プラス体力である。それが昼前から夜八時ごろまでつづく。

## 病院の栄養士を目指したが…

小川さんは昭和三九年（一九六四）、高度成長まっただなか、日本中が東京オリンピックに沸き返り、東海道新幹線が開通した年に生まれた。年齢からすれば、なるほど、エネルギッシュな仕事ぶりもうなずける気がする。

この仕事を選んだルーツがどこにあるのか、料理に魅せられたきっかけは何であったのか。返ってきた答は想像していたものとは少々ちがっていた。

実家は新潟県上越市で病院を営む。父と長姉は医師、次姉は獣医という家で、五人兄弟の下から二番目として育った。母や姉と一緒に台所に立ったり、料理を教わったということもほとんどない。

「祖母の影響でしょうね。自営業ですから母も忙しくて、お手伝いさんと祖母の味で育ちました。祖母は近くに住んでいて、みそ、おやつ、すべて手作りでしたし、梅干やらっきょうを漬けるのを手伝った記憶があります。やっぱり、明治の女はちがいますよ（笑）」

高校時代は医学部に通う長姉と新潟市で二人暮らしをしていたが、姉は料理に興味がなく、おさんどんも家計簿も小川さんが一手に引き受けていた。毎日、料理を作ることは、まったく苦痛ではなかった。「姉がだんな様で、わたしが奥さんのような存在だった」と笑う。それは期せずして、のちの仕事に役立つことになるのである。

高校時代、全国家庭クラブに属していたことも大きい。よほど縁があるのか、またしても明治生まれの職業婦人といったタイプの先生がクラブの顧問だった。この先生の勧めで全国大会に出ることになり、小川さんは新潟県代表になる。他校の学内新聞から取材を受けるなど、母校の全国家庭クラブの知名度を高める結果になった。

　そのころは、四年制大学の文学部を出て、なんとなく就職して、なんとなく良い人を見つけて結婚するという風潮だったが、クラブ顧問の先生は女性も手に職をつけなければいけないという意見の持ち主だった。短大の栄養学科に進んだのも、その先生の影響があった。栄養士や家庭科の先生を養成する学科である。

「父の姿を見ていましたし、栄養士さんも身近にいましたから、日常の生活のなかで食べ物がいかに不可欠なものか、病気を治す食事というものがいかに大切かということが、なんとなく頭にあったのかもしれません。医者と看護婦と栄養士と患者がちゃんとコミュニケーションを取れるような病院で、栄養士をやれたらいいなと思っていました」

　ところが、そうはならなかった。在学中、ボランティア活動で老人ホームを訪れたり、海外の人たちと知り合い、もっと他の可能性もあるのではないかと迷うようになる。栄養士の資格は取ったものの、就職活動はせず、西洋食文化の先生の勧めで基礎調理研究室の助手として残った。給料は破格に良かったが、授業のために早朝から百二十羽の鳥をさばき、野菜と煮込んで漉《こ》して、ブイヨンを作るといった毎日である。材料の調達、伝票の処理、授業に使うプリントをワープロで打って、朝七時から夜八時、九時まで働いた。

「二十歳の娘がデートもできなかったんですよ。でも、大学ですから本はいっぱいあって、よく読みました。無の状態で勉強できた時期ですね」

身近には先生もいる。膨大な本に囲まれている。しかも毎日、仕事として料理を作っている。そのなかで、フランス国王に嫁いだカテリーナ・デ・メディチ時代の食文化に興味をもち、料理、歴史、文化を含めたイタリアに魅せられていく。

しかし、そのころはまだフードコーディネーターのフの字もなかった。

## テレビとの出会いはイタリアだった

フードコーディネーターになるきっかけとなった出会いは、イタリア留学中のことだった。話せば少し長くなるが、イタリアを抜きにしては、小川さんの今はなかっただろう。

「助手は五年で定年ですから、大学に残って講師や助教授を目指す方向もあるんですが、わたしは別の道を行こうと。実は退職金が三百万円も出たんです。当時としては異例でした。料理を学ぶならイタリアしかないと思いつめていましたから、さあ、これで行くぞと。人には、なぜフランス料理をやらないのかといわれましたね。女の子ならお菓子とか」

一九八四年、いざ、イタリアへ。当時は、オペラ、バイオリン、工業デザイン、ファッションならともかく、料理でイタリアへ留学する人はあまりいなかった。今でこそイタリア料理全盛だが、ヨーロッパで料理を学ぶといえばフランス料理が主流だった。

助手を務めていた先生が、「これからはフランス料理の時代ではない、源はイタリアとスイスの国境にあるんだ」と語った話が印象に残っていた。

まず、念願の国立カテリーナ・デ・メディチホテル学校へ留学。次に、トスカーナ地方の料理学校で学んだ。地元のレストランで修業しながら、イタリア全土の料理を数えきれないほど覚えたという。その後、フィレンツェ大学でもルネサンス期の食文化を学んだ。小川さんの貪欲さにも目を見張るが、イタリア料理にはそれだけ奥深い魅力があるのだろう。

トスカーナ地方のルチニアーノ、人口百人ほどの山奥の小さな過疎の町でのことだった。世界的なハーブ料理の権威であるトト・ロレンツォの店で修業していたのだが、ある日、「来週、ぼくはローマへ行くんだよ。テレビで料理番組をやっているんだけど、助手としてついてこないか」と先生にいわれて、ローマへお供した。

「国営のテレビ局の料理番組なんです。驚いたのは、ほんの十分か二十分の番組なのに、時間がかかることでした。一、二時間で終わるだろうと思っていたら、一日がかりで。ライティングをする人、テロップだけをやる人、料理をおいしく見せるために上に塗る人がいて、一つのものができるということを間近に見て、ものすごく感動したんです。それだけで食べているんだ、これがプロなんだな、それに誇りをもってやっているんだなと思いました」

平成二年（一九九〇）、ちょうど、イタリアでワールドサッカーがあった年だった。

NHKとライウノ（1チャンネル、イタリアの国営放送）が共同でワールドサッカーの放送をしていたのだが、日本から来ていたプロデューサー、ディレクター、カメラマンたちと、ライウノのスタッフで食事会をしようということになったらしい。

場所は小川さんが働くトト・ロレンツォの店だった。

驚いたのはＮＨＫのスタッフのほうである。

「あれ、こんな田舎に日本の女の子がいるよ」「こんなところで何をしているの」と、いろいろ質問される。トト・ロレンツォとスタッフとの通訳をしているうちに、「日本に帰ったら、ぜひ、うちの局においでよ」と名刺をもらった。そのときはまだ、こういう仕事をすることになろうとは思ってもいなかった。

「日本に帰って遊び半分でお電話したら、おいでよ、おいでよということになりまして、ＮＨＫを見学させていただいたんです。『おかあさんといっしょ』のスタジオを見せてもらったり、料理番組のスタッフの方を紹介してくださったり。そうしたら、料理番組で人手が足りないので、来週からスタッフとして手伝ってほしいといわれたんです」

小川さんが即戦力として役立ったのは想像に難くないが、出会いとは本当にわからないものである。それからは『今日の料理』『男の料理（のちの『男の食彩』）』『ひとりでできるもん』など、料理にかかわる番組をコーディネートしていくことになる。

これがきっかけで、あちこちから仕事が舞い込んだ。イタリアのコック向けの雑誌やイタリアのおばあさんのレシピを訳して新聞に連載しないかとか、鎌倉・葉山で料理教室を開いてくれないかとか、次々に依頼がきたという。

「イタリア料理とは何ぞやなんて、若かったから気負いなくできたんです。料理教室の生徒さんといっても、蘊蓄《うんちく》のあるおば様やリタイアされたおじ様が多く、自分の両親のような年齢の方々なんです。教えるというより、逆にわたしのほうが、いい方たちと巡り合ったなと。人間関係も広がりましたし、生徒さんに仕事を紹介していただいたこともあります」

イタリアから戻って仕事を始めたのは平成三年(一九九一)、バブル最盛期だった。

「最初から、ティラミスのレシピを書いてくれたら十万円支払うという仕事がきて、びっくりしました。友達はやればいいのにといいましたけど、こんな仕事のやり方をしたらおかしくなると思って、お断りしました。かと思うと、五千円です。標準の値段なんて知りませんから、何でもいわれたままでした。戻ったころは、日本でやっていけるのかなと真剣に悩んで、十二キロも太りました。ストレスで食い気に走ったんですね(笑)」

## 料理とは文化を食べることである

現在、全国で三万八千人ほど、フードコーディネーターを名のっている人がいるらしい。雑誌、テレビ、広告などの需要があるなかで、月に数万円ほどのアルバイト的な仕事も含めての数字だろうか。

平成七年(一九九五)には、「クッキングコーディネイター協会」が発足した。トータルコーディネイター会社も東京都内に数社、養成する学校は国立と広尾と新宿にあるほか、テレビの料理番組のディレクターがリタイアして校長を勤める学校もあるという。

小川さんの弟子になりたいとか、アドバイスを求めてくる人も多いだろう。

「増えましたね。なぜか、わたしみたいな弱輩のところにも相談にくる人が多くて。電話ではなく、手紙でいただくようにしていますが、何をいっているのかわからない場合は、わたしでは力になれないと丁重にお断りしています。ただ、自分はこうしてきた、だから、こういうふうにしたいと、具体的で目的意識が明確な場合は、いえることはアドバイスさせていただきますけど。こういうことをいうとおばさん臭いですが、今の若い人は、自分は普通の人以上に何かできると思い込んでいる人が多いんですよ。でも、何かってなんですかときくと、それはまだわからないと。大切なのはコツコツ積み重ねること、没頭できるかどうかですから、環境が許せば、とにかくやってみることをお勧めします」

どういう資質の人が、フードコーディネーターに向くのだろう。

「当たり前ですが、食べるのが好きなこと、たとえ睡眠時間を省いても食べることですね。わたしは基本的に家で食べるんですよ。最初のころは、美味しいところを紹介してよ、一緒に食べに行こうよと、打ち合わせとかで誘っていただいたんですが、仕事がらみだと美味しくないので、お断りしているうちに付き合いが悪いなと(笑)。やっぱり、好きな人と、いいシチュエーションで、美味しい料理と美味しいお酒を楽しむのが一番でしょう」

料理を作ったり食べたりすることは基本だとしても、フードコーディネーターとして吸収すべきことは何か、日々、どういうふうに自分を磨いているのか。

「ディレクターなら別ですが、テレビに関していえば、裏方のわたしたちには、他の料理番組はあまり役に立ちません。むしろトーク番組やドキュメンタリーなどのほうが、何かを生み出すエネルギーになりますよ。本もそうです。歴史や色についてのものとか、ファッション性のあるものとか、他のジャンルのほうが触発されることが多いですね」

さて、一方ではグルメ、グルメと浮かれているが、全地球的に資源が減って、一方では飢えている人たちがいる。その現実をどう考えるかと、少々意地悪な質問を向けた。

「番組で作った料理は、時間があれば食べることもありますけど、たいていは捨てますね。時々、わたしは罰が当たって、地獄へ行くだろうなと思います」

今の日本人は日常的に美味しいものを食べ、量的にも満たされている。ちょっと焦げた、硬いといっては捨ててしまう。限りある貴重な食材を、うまく保存して、長持ちさせて、より美味しく食べられるようにするのが、料理のスタートだったはずである。今や世界中の料理を食べられるが、かえって食文化そのものは貧しくなったのではないか、と小川さんは憂える。

「大量の鶏がらで取られたわずかなスープに、金箔をふりかけて、胡椒で味を調えて、う〜ん、究極の味だ…なんて単なるエゴの塊の料理ですよ。インテリジェンスのある方が、そういう贅沢でロスだらけの料理を最高だと喜んでおられるのは残念ですね。もっと文化的なものを知っていただければ、家庭料理の良さをわかってもらえるんじゃないですか」

よくよく考えてみれば、小川さんは子供のころから一貫して料理に親しんできた。さまざまなジャンルへの興味と知識への健啖ぶりも、その旺盛な食欲に勝るとも劣らない。そういう意味では、年齢から想像するより、はるかにキャリアを積んでいるといえるだろう。回転数を上げた語り口調やエネルギッシュな行動力は日本人離れしているが、

「一番好きなのは、米と酒ですね」ときいて、筆者は少なからず安堵した。

# 7

## 劇　伴

# 劇伴とは引き算である

福井峻

ドラマというのは、台詞があって映像があって、演出家の意図があって作られているわけですよね。それだけで完全な世界になっているとしたら、音楽の出番はないわけです。なにかが不足していると感じられるとすれば、そこを埋める作業として、劇伴の作曲家の仕事があるわけです。

## ドラマを邪魔しない文学的な音楽

テレビドラマなどのタイトルでは、脚本家の次に、たいてい音楽家の名前がくる。

業界用語では「劇伴」といっており、一般的にドラマが盛り上がる場面に、劇的効果をねらって挿入される音楽である。台詞や映像とともに、ドラマの三本柱といっていいかもしれない。ただ、一般的に、視聴者は台詞と映像に気をとられ、バックに流される音楽をあまり意識しない。

しかし、音楽は、作品のなかで台詞と映像にならぶ重要な要素である。音楽が邪魔になり、シーンの情感をぶちこわしてしまうケースもあるが、音楽がシーンにマッチした場合、劇的効果は相乗的にたかまり、見る者の心をゆさぶる。

最近のドラマ、とくに若者向けのドラマは、コマーシャルの影響もあって、音楽が過剰に流される。ある番組など、ほとんど全編にわたって切れ目なく音楽が流れ、内容の空疎さを音とリズムで覆い隠そうとしているのではないかと、勘ぐってしまいたくなる。

もっとも、そういう感じを抱いてしまうのは、ある年齢以上の人間で、生まれたときからテレビがあり、のべつまくなしに音楽を耳にして育ってきた世代にとっては、空気のようなもので、とくに耳ざわりではないのかもしれない。おそらくウォークマンの出現と、番組中に音楽が過剰に流れる現象とは、なんらかのつながりがあるにちがいない。

福井峻《りょう》さんは、若者向けのドラマではなく、むしろ、しっとりとして落ち着いたドラマの音楽を、比較的多く手がけている。ドラマのためにオリジナル曲を新たに作曲するので、正確には作曲家というべきなのかもしれない。

福井さんは、NHKで放送された『夏の一族』（山田太一脚本・渡哲也主演・深町幸男演出）をはじめ、東芝日曜劇場、火曜サスペンス劇場など、数々のテレビドラマの音楽を手がけてきた。

武満徹や林光といったクラシックの作曲家たちも、テレビドラマの劇伴を書いており、音楽家を「職人」のなかに入れるのはどうかと思われる人もいるかもしれない。しかし、福井さんは、

「職人という言葉を辞書で調べてみたんですよ。そうしたら手仕事で物を作る人のようなことが出てたんで、そういう本の趣旨なら自分にあてはまるかなと思いました」

という。岩波の国語辞典によれば「職人」とは「主に手先の技術で物を作る職業の人」とあり、その例として、大工・佐官・建具師をあげている。ついでに「職人気質」をひくと「職人に特有の、粗野で頑固だが実直という気質」と出ている。

この伝でいくと、福井さんは職人ではあるかもしれないが、職人気質の人ではない。

高円寺の自宅にある仕事場には、壁一面に本が並べられており、文化論や評論関係の図書が多く、背表紙を見ただけで「文学的な教養人」という印象をうけた。穏やかで知的な風貌の持主で、論理的に話す。

「音楽でも絵でもそうなんですが、文学的な音楽とか文学的な絵画というのがあると思うんですよ。絵画を例に引くと、ゴッホなんかは文学的なメッセージを絵で伝えた人だと思います。それ

に対して、パウル・クレーなんかは、純粋に絵の面白さを追及した画家だと思うんです。音楽でも、純粋に音の面白さを追及する人と、文学性の強いものを目指す人とがある。わたしは、文学的な音楽が好きなんですね。

劇伴に向いてる作曲家は、文学的な音楽が好きな人ではないか。その点、わたしは、台詞が好きですし、文学的な台詞なんかも面白いし、演出家の意図がどういうところにあるのか推測し、それにどうコミットして参加できるか考えることが楽しい。そういう意味で、劇伴に向いていると自分では思っています」

さらに福井さんは、劇伴はマイナス計算ができなければ駄目だという。

「引き算といったらいいでしょうか。作曲した音楽が、音楽として充分であれば、それでひとつの世界が成立してしまっているわけです。そういう音楽は劇伴としては、ドラマを邪魔することになってしまうと思うんです。ドラマというのは、台詞があって映像があって、演出家の意図があって作られているわけですよね。それだけで完全な世界になっているとしたら、音楽の出番はないわけです。なにかが不足していると感じられるとすれば、そこを埋める作業として、劇伴の作曲家の仕事があるわけです」

なにかが足りないと感じられたら、その足りないものを音楽で埋める。それを称して、引き算というわけである。これは曲のアレンジの場合でも、同じだという。

元のメロディをアレンジして、完全にひとつの世界を主張するというより、歌い手の効果を高め、フォローして完成度を高めることが大事であり、劇伴と共通点がある。

ところで、福井さんは、以前、ＣＢＳソニーの音楽プロデューサーをしており、後述するように、中島みゆきのレコードなども作っていた。

「プロデューサーを経験していたので、予算とかお金の計算などもできるわけですよ。予算の制限は、オーケストラの数の制限に通じます。例えば五十人使いたいが使えない場合、少人数のアンサンブルを考えます。お金の心配までしてしまうし、全体の仕事のなかで、それぞれの仕事の重要性をいつも考えていて、その計算もある程度できる。作曲家だけできた人は、予算的なことはわからないし。案外、そのほうがいいのかもしれませんが」

## 作曲とアレンジのちがい

すでに編集され、シーンやカットがつながった作品を見て、このシーンには、この音楽がふさわしいとして作曲をするのが理想的だが、時間や予算の関係で、つながったシーンを見ずに台本の段階で演出家の演出意図にそって曲をつくらなければならない場合がある。民放の帯ドラマなどの場合、はじめから、悲しい音楽、楽しい音楽、切ない音楽——と何通りかの曲をまとめて作って演奏、録音し、それを使い回すことも多い。いわば、見込みで曲を作るわけである。

劇伴には、このほか「ありもの」を使うというケースもある。例えばモーツアルトの曲やタンゴの有名な曲で、レコード化、CD化されているものを、演出家がピックアップして、はめこんでいく。費用の関係でそうする場合もあれば、演出家の演出意図で、あえて「ありもの」を使う場合もある。その場合、例えばベルリン・フィルが演奏し市販されているレコードをそのまま使うこともあれば、シューベルトの曲をあらためて演奏することもある。さらに、名曲の旋律をもとに、アレンジする場合もある。

アレンジもまた、音楽の重要なジャンルである。

クラシックの場合は、アレンジをもふくめて作曲といっているが、ポピュラー音楽では、作曲とアレンジは分業になっていて、別の人がやるケースが圧倒的に多い。

「ポピュラー音楽の場合は、だいたいアレンジャーの書いたメロディはつまらないといわれていますね。なぜかというと、アレンジャーというのは、頭で書くからです。アレンジとかオーケストレイションは、かなり頭脳的な仕事なんです。技術というものを知的という言い方をすれば、たしかに知的であり、情感だけではできない。

音をスコア(譜面)に作るというのは、ある程度、音楽的な勉強をしなければならない。建築家の設計図と同じで、緻密な計算がなければなりませんから。ところが、メロディライターというのは、メロディさえ思いつけばいいんで、スコアを書けなくてもいいんです」

アレンジャーはスコアの読み書きが必要だが、メロディライターや歌手にとっては、必ずしも必要ではない。むしろ、スコアを読み書きできないため、その分、感性の部分が鋭く深くなる場合がある。アレンジャーは、どうしても緻密な計算をするため、頭で書いてしまいがちで、その分、感性的には劣るところがあるのだという。

福井さんは作曲もやるし、アレンジもやる。

## 中島みゆきのデビューに立ち会う

以前、CBSソニーにいたころ、中島みゆきを担当していたことについてはすでに触れたが、そのときの経験について、福井さんはこう語る。

「中島みゆきの曲をアレンジしていて、こういう経験があったんです。彼女も、譜面を作りません。自分でギターを弾いて、テープに入れてくるわけです。ぼくは彼女の歌をきいて、譜面に起こすわけです。で、彼女のつけてきたコードを、ある場合には、別のコードにつけかえる。そのため、彼女の歌っているテープを何度も何度もきくわけです。こういうことは、あまりないんですが、何度もきいているうちに、涙が出てしまったことがあるんですよ。彼女の歌をきいていて、涙がとまらなくなってしまって、もう五線紙が涙でグチャグチャにぬれてしまって。タイトルまで覚えてないんですけど、そういうことは滅多にないんです。やっぱり、彼女の感性っていうのは、すごいし、天性のものだと思いましたね」

中島みゆきは、ヤマハのポプコンから登場してきたが、福井さんは、その審査会場で指揮棒をふっていた。
「彼女は印象的でしたね。この人はシャンソンをやってたと思いましたね。詞が印象的だったんです。それと声です。瞬間的に人をひきつける声の質をもっていると思いました。いい意味で中島みゆきは演歌だと思うんですよ。ぼくは、演歌というのは自己憐憫がつよすぎて嫌いなんですが、中島みゆきは、演歌のメンタリティをもった人だと思いましたね。自己憐憫のない演歌です」

中島みゆきの初期のヒット曲「別れ歌」は福井さんが、CBSソニーをやめ、アレンジャーとして独立してから作ったものである。

「東芝にいた知り合いのミキサーと一緒に、リズムパターンを考えて、弦楽器とトランペットなんかを使ってアレンジして作ったんですけど、それがたまたま売れてしまって。売れるとドッと注文がくるんですよ、アレンジャーにも。そのあと二、三年はアレンジャーの仕事が殺到し、一週間のうちほとんど半分はスタジオに入っているという生活がつづき、スタジオと自分の机を往復しているような状態でした。お金は入るけど、使う暇がないくらいでした」

## 父は高等遊民、母は音楽教師

福井さんは昭和九年、大阪で三人兄弟の長男として生まれた。小学校に入る直前、神奈川県の小田原に移った。一時、母の故郷である青森に疎開をしていたが、中学のころ小田原にもどり、高校卒業まで小田原で過ごした。

　福井さんの「自己形成」に触れる際、父親の存在を抜きには語れないようだ。

「うちの親父は、なんていいますか、あまり働いたことがないんですよ。高等遊民といいますか、祖父が今でいう広告業のはじまりみたいな仕事をして、にわか成り金になったんです。父があとを継いだわけですけど、結局、祖父が残した遺産を蕩尽しつくしたんですね。あらゆる遊びに手を出して、長期間、どこかに行って家に帰ってこないこともありました。ぼくは、親父が仕事をしているのを見たことがないです。結局、会社の金を持ち逃げされたりして、会社をつぶしてしまうんです。そのため夫婦仲は悪かったですね。親父が家にお金を入れないんで、生活費にも事欠いてましたから。母は中学の音楽の教師をやってたんですよ」

　音楽教師になったのは戦後だが、戦時中も、母は家でショパンなどのピアノ曲を弾いていたという。そんな家庭の環境が、福井さんの音楽的基礎になったことは、想像に難くない。しかし、面白いもので、福井さん自身は母がピアノを弾くのが嫌でたまらなかった。

「ピアノは同じ曲をくりかえし弾くわけでしょ。それでピアノが鳴っていると、家に入りたくなくなってしまうんです」

　戦後、母と一緒に住んでいたのは、御殿場線ぞいにある山北という町で、福井さんは、そこから貨車のような無蓋の列車に乗って、中学・高校と小田原まで通った。県立小田原高校のとき、脚本家の山田太一と同級生で、ともに文芸部に所属、詩や小説を書いたりした。

「山田さんとは仲がよくて、今でも親しくつきあってますけど、湯河原にあった彼の家に行ったときのことを覚えてます。彼の実家は当時小さなパチンコ屋をやってたんです。二階が住居になっていて、そこでいろんな話をするんですが、彼のお父さんはパチンコの玉を黙々と洗っているんですよ。それを見て、ぼくは思いましたね。父親というのは、こうでなければいけないって。うちの親父は、いつもブラブラ遊んでましたから、山田さんのお父さんの働く姿を見て、ぼくは感動しました」

中学時代は絵が好きだったが、絵の先生がたまたま音楽好きで、その影響で音楽が好きになっていった。

感受性豊かで多感な福井少年に、絵画教師はひどく興味をもったようで、ある日、福井少年にワラ半紙に何枚もしたためた手紙をくれたりした。後年、福井さんはあるパンフにこう記している。

「その頃、中学校の廊下の隅に古いハーモニウム（足踏みオルガン）がホコリをかぶっていた。或る放課後、先生は私のためにか、ご自分への慰めか、フタを開かれると弾きがたりを始められた。辺りは人影もなく、窓から差し込む陽はややオレンジ色がかって既に傾いていたのは、春だったのか秋の夕暮れでもあったのか。オルガンの響きと先生の歌声に私は前触れもなく突き落とされ陶然となった。ショックはその後も続いた。私はこの時迄に音楽がこれほど美しく心をさわがせるものであるとは知らなかった。ほとんど感動というものは予告なしにやってくるもののようである」

その絵画教師との出会いがなかったら、福井さんはたぶん、音楽とは別の道を歩いていたのではないかという。以後、クラシック音楽をきくようになり、レコードを買ったり、ラジオできいたりするようになった。そして、高校一年のとき、あらためて音楽の魅力に激しくとりつかれるきっかけが訪れる。

「保健室かなにかにドビッシーのレコードがあったんですよ。それをきいて、ショックを受けたんです。音楽に対するテンションがあがったんですね、それから印象派の音楽をきくようになって、音楽の勉強を始めたんです。家にピアノがありましたけど、弾いたことはなかった。高校二年になって、はじめてピアノを習いはじめたんです」

以来、音楽を一生の仕事にしようと決意、「にわか勉強」をした結果、一年浪人して、武蔵野音楽大学の作曲科に入学した。

「当時、大学にハンス・スプリングハイムというユダヤ人の先生がいて、その人について作曲を学んだんです。先生はマーラーの弟子でした。スプリングハイム先生につきたくて、武蔵野音大を選んだといっていいと思います。マーラーは後期浪漫派の作曲家ですけど、四年間、マーラーのお弟子さんから作曲について徹底的に習ったことが、ぼくの音楽の基礎になっています」

現在もそうだが、音大を出ても、どこかに就職でもしないかぎり、音楽で食べていくのはむずかしい。その点、福井さんは、いい出会い、いい巡り合いをしたといえるのではないか。

## 内藤法美との出会い

「学校を出て間なしだと思います。ＮＨＫのラジオをきいてましてね、フルバンド用にアレンジした曲をきいていて、とっても面白いなと思ったんです。その曲を編曲したのが、内藤法美という人で、その後歌手の越路吹雪さんの旦那さんになった方です。それまで、ぼくはポピュラー音楽に興味がまったくなかったんです。でも、これは面白いと思ったもんですから、内藤さんの住所を電話帳で調べて、勝手に自宅に押しかけていったんですよ」

当時、内藤法美は、福井さんより四つ年上の二十九歳。越路吹雪と結婚する一年前であった。が、勝手に押しかけた福井さんに、嫌な顔もせず、いつでも遊びにおいでといってくれた。

若かった福井さんは、それから毎日のように押しかけ、書いた作品をもっていき、見てもらったりするようになった。

当時はビッグ・バンドの全盛時代で、「東京キューバンボーイズ」や「有馬徹とノーチェクバーナ」「シャープ・アンド・フラッツ」などが活躍していた。内藤法美は、そういうバンドを使って、越路吹雪のためアレンジをしたりしていた。

「そのうち、あなたも書いてみたらといわれたんです。最初はＮＨＫで、東京キューバンボーイズと越路さんのからんだ番組で、ティ・フォー・ツーという曲のアレンジをやれといわれまして。そのころ、ポピュラーを知らないんで、クラシック風のアレンジをして、大失敗をしました。その場で内藤さんが手を入れてくだすって、事なきを得たんですけど」

いわば「押しかけ弟子」であったが、以後、福井さんは内藤法美のもとで、仕事を手伝いながら、ポピュラー音楽を学んでいくことになる。

「新宿のコマ劇場の下に大きなダンスホールがあって、内藤さんも自分のラテン・バンドをもっていて、よく出演してました。何曲も必要なんで、よく書かせてもらいました。といっても、あちらのコピーですが。レコードをきいて、スコアを作るわけです。耳できいて、スコアにかえていく。それがいい勉強になりましたね。内藤さんから、お小遣いをもらうんですけど、生活費がまかなえるほどではない。それで写譜をやりました。それが結構いいお金になりましたね」

内藤法美が越路吹雪と結婚したあとも、ひきつづき福井さんは内藤のもとに出入りし、一時は自宅に住み込み状態になったという。

そんな生活を八年ほどつづけたあと、福井さんは前述したようにCBSソニーに入った。新聞広告を見て応募したのだった。

「新聞広告が人の気持ちを煽るようなものだったんですよ。まだできたての会社だったんですが、この会社は面白くなると思いましたね。面接のとき、今のソニーの経営陣の大賀さんなどもいました。大賀さんに議論をふっかけたりして、二十分ほどもやりあいました。それが気に入られたのか、入社したんです」

できたての会社で、日本のポピュラー音楽の揺籃期でもあり、手さぐりでレコードを作ったりした。ディレクターは福井さんもいれて四人で、一人は現在メディア・プロデューサーとして活躍している酒井政利だった。

「酒井さんが担当したのはフォーリーブスでしたね。当時、一番売れたのはカルメン・マキでした。これは金塚さんという女性のディレクターが担当したんですが」

福井さんが作ったレコードは、あまり売れないものが多かったというが、そのなかで「誰もいない海」は今でも息長く歌いつがれている。

## 矢沢永吉などのアレンジャーをへて劇伴に

CBSソニーには三年間いて、やめた。やはり、他人の作るものをプロデュースするより、自分で曲を書きたい気持ちが募ったためだった。

やめたあとしばらくは、アレンジの仕事をやった。日本でもようやくポピュラー音楽のオリジナルが出るようになった時期だった。ヤマハのポプコンなどが弾みになったようで、音楽関係の出版物なども出はじめていた。

福井さんがテレビにかかわるようになるのもこの時期で、内藤法美のゴーストとして、NHKドラマの『不思議な少年』にかかわったのが、劇伴としての最初の仕事であったと、福井さんは記憶している。太田博之主演のドラマで、モノクロであった。

まだ劇伴というものがよくわからず、迷った末、福井さんなりの「勉強法」を見い出した。

「当時、アメリカのテレビ映画で『パパは大好き』というのをNHKで放送してましたが、その音を録音するんです。それをくり返しきいて、劇伴の勉強をしたんです。コピーというのは、非常に勉強になりますね。コピーしたものは音になるわけです。ですから、自分の書いたものが、どういうふうに音になっていくか、勉強できるんです」

一方、ポピュラー音楽を学ぶうえで一番勉強になったのは、ミュージカルであった。

「ロジャーズのミュージカルなんかをやるんですが、なぜか、アメリカからは指揮者用のフルスコアがこないんです。ピアノ用のスコアとかパートのスコアしかこない。内藤さんは、それでは棒をふりにくいというんで、ボーカルやピアノなどパートのスコアを集めて、それでフルスコアを作っていくんです。それを手伝ったんですが、スコアの書き方のいい勉強になりました」

劇伴として福井さんの名前が最初に出たのは、民放の連続もののドラマであったが、タイトルも役者の名前も、忘れてしまったという。忘れたからといって、つまらない仕事であったとか、手を抜いたというのではない。次の仕事にかかるためには、前の仕事を記憶から追い出し、まっさらな気持ちになったほうがいい仕事ができる。そういうタイプのクリエーターがいるが、福井さんもそんな一人だ。

CBSソニーをやめたあと、演出家の久野浩平のドラマの音楽を担当したりしたが、主な収入源はアレンジャーの仕事だった。アレンジャーとして、中島みゆきのデビューに立ち会ったり、矢沢永吉と仕事をしたりした。

「矢沢永吉のアルバムの弦《げん》（ギター）は、ほとんどぼくが書いてましたね。彼は面白かったですよ。根っからの音楽的な人間です。矢沢永吉がソロアルバムを出すようになって、つきあったんですが、彼の場合はロックですから、譜面というようなものはないんです。簡単なコード進行表みたいなものがあって、仲間とセッションをやって作りあげていくんです。そのうえに、ぼくがいろんなものを乗せていくんです。管楽器とか弦楽器とか、まずリズムパートをほとんど譜面のない状態で、何時間もかけて彼がリードして導き出していく。見ていてとっても面白かったですね」

## 邦楽が音楽の転機に

文学好きな福井さんらしく、作曲やアレンジのほか、シャンソンの訳詞も手がけている。越路吹雪の歌詞を多く書いている岩谷時子と一緒にミュージカル「風とともに去りぬ」や「ラマンチャの男」などの訳詞もした。

映像や音楽といっても、根底にあるのは言語、言葉なのだろう。言葉にかかわる仕事をしたことも、劇伴をかくうえで役立っているという。確かに一流の音楽家、画家、監督といった人たちは、ほとんど例外なく読書家でもあり、言語に対して深い関心をもち、文章もうまい。クリエイティブな仕事を裏打ちしているものは、やはり言語なのかもしれない。

現在の福井さんの音楽に影響を与えているのは、邦楽である。

二十年ほど前、有吉佐和子がカチカチ山など日本の民話をもとにして書いた「山彦物語」にかかわったことがきっかけで、邦楽に興味をもった。この作品の音楽は内藤法美が書いたが、そのアレンジを福井さんはまかされたのだった。

「これが、ぼくの転機になったんです。音楽の編成は五、六人の洋楽器でポピュラー音楽のアレンジだったんですね。そしたら有吉さんが、琴を入れてちょうだいといったんです。初演には間に合わなかったんですが、再演のとき琴を入れたんです。当時、ぼくは日本の音楽にまったく興味がなかったんですが、それでにわか勉強を始めたんですよ。琴の弦が十三本あることも知らなかったくらいでした」

以後、鼓や琵琶なども習いはじめ、すでに六、七年間、間欠的にだが、習いつづけており、福井さんの音楽に微妙な影響を与えている。

日本の音楽は西洋音楽とちがって、体系化された技術書、つまり教則本がなく、師匠からの口伝えでマンツーマンで教わる。

「手で覚えていくんですね。論理ってものがなく、譜面らしきものはあっても、師匠や流派によって全部ちがう。これが西洋音楽と決定的にちがうところですね」

邦楽にかかわるようになって、福井さんは、日本人、日本文化とはなんなのかという視点を、あらためて強くもつようになったという。

西洋音楽をやる日本人とはなんなのか。日本人としてのアイデンティティにこだわりをもつようになり、日本文化や比較文化に関する本を集中的に読みこんだ。今は、福井さんの興味の対象は日本の伝統芸能である。

その延長線上で、シンガーソングライターの小椋桂と一緒に「一休」についての音楽劇を作ったりして、新しい分野に果敢に挑んでいる。ただ、注文仕事をいわれるままにこなして勉強を怠っていたら、才能はいずれ枯渇してしまう。やはり、クリエイティブな仕事をつづけるためには、日々、自己研鑽をつみ、新しいものを貪欲に吸収していく必要があるのだろう。

福井さんは、旧友の山田太一のドラマの劇伴も何本か担当している。劇伴はこれからも仕事の柱にしていくつもりだが、それだけにこだわらず、西洋音楽と邦楽の接点を求めて、新しい分野にもチャレンジしていくつもりだという。

そのため、日本の伝統芸能の原点を見極めたいと、ひところ岩手や岐阜などの寒村を一人でまわったりしたこともあった。地元の人たちと一緒に焚き火にあたったりして、いろいろなことを考えた。自分とは一体何者であるのか、なぜ自分はここにこんな姿勢で立っているのか…等々。つきつめてものを考えるようすがにもなった。一見、迂遠なようで、実はものを創る人間として大切な心構えなのだろう。

この十年ほどの現象だが、テレビドラマの出演者はもちろん、プロデューサーも演出家も脚本家も、そして音楽家も、若い人たちに「占領」されてしまった観がある。そして、福井さんに限らず、豊かな経験と個性に裏打ちされた「職人」が、単に「年寄りだから」という理由で、時代に合わないとして排除されていってしまう傾向にある。こうした傾向がつづくとしたら、日本のテレビ番組はますます幼児性を強め、まともな大人の鑑賞に堪えられないものになり、いずれテレビ離れが起きるにちがいない。

ところで、インターネットの普及やパソコンの機能の飛躍的な向上で、「インターネット・テレビ」など、個人でも「テレビ局」を立ちあげられる時代が、すぐそこまできている。さらに、デジタル化、多チャンネル化時代をむかえ、今や既存のテレビ局も厳しい競争にさらされ、「生き残るのは何社か」などといったことが現実味をもって語られている。生き残りの方策としてますます「若年化」への道を歩むことも考えられるが、今後、圧倒的多数の日本人が中高年で占められることを考えると、風はちがった方角に吹くという気がする。

最後に福井さんが心をこめて語った言葉が、印象に残った。

「文化とは伝統なんです。その伝統を、現在にいかに生かすか。それが大事ですね。ぼくのこれからの仕事の課題です」

音楽「福井峻」というタイトルを目にしたら、心して音楽の効果というものを考えつつ、見てみたいと思った。もっとも、本当に面白いドラマとは、台詞や演技、音楽などが渾然一体となって視聴者を画面にひきずりこんでしまうもので、音楽がどうであったかなど、あまり記憶に残らないものかもしれないが。

# 8

## 時代考証

# 溝口健二の小道具から時代考証へ

荒川洸

平安調やったら、江間修先生。吉村（公三郎）さんの『源氏物語』も江間先生やった。ただ、大先生は融通がききまへんねやな。障子は一尺二寸なかったら、あきまへんと。せやけど障子が大きすぎて、女優の顔が隠れてしまう。吉村さん、それでは困るから、江間先生がお帰りになったあと、縮めた障子を使うたんや。

## 小学生時代から銀幕の内側にいた

「今井（正）さんや五所（平之助）さん、溝口（健二）さんで育ったようなもんやから」

こう語る荒川洸《たけし》さんは、根っからの活動屋である。

時代考証家として荒川さんがかかわったテレビドラマには、NHKで放映した桂枝雀主演の『なにわの源蔵』シリーズや間寛平主演の『王将』などがあるが、時代とともにテレビを手がけるようになったとはいえ、映画なくして荒川さんの人生はない。昭和初期から半世紀以上、映画で培ってきた知識や経験の幅広さ、奥行きの深さは、初めからテレビで育った世代とは一味も二味もちがう。

テレビの時代考証とは、平たくいえば、制作される番組の登場人物や背景が、その時代や場所、階層と照らして正しいかどうかに目を凝らし、スタッフにアドバイスをする作業である。必然的に、歴史や風俗についての幅広く、生きた知識がなければならない。そのためか、一般に時代考証といえば、学者や研究者が担当することが多い。いわば「書斎派」の仕事と見られているが、そんななかで、荒川さんは撮影現場からたたき上げた、数少ない「現場主義」の時代考証家である。

なにしろ、今井正、五所平之助、溝口健二をはじめ、日本映画の黄金期にメガホンを取った巨匠たちの下で、荒川さんは小道具係として無理な要求に応え、罵声に耐え、鍛えられてきた。『魔像』『残菊物語』『元禄忠臣蔵』『西鶴一代女』『どっこい生きてる』『真空地帯』『原爆の子』…と、荒川さんが裏方として力を発揮した映画は枚挙にいとまがない。そのタイトルを並べるだけで、まさしく日本映画の歴史というしかないだろう。

古くからの映画の撮影所といえば、東は大船、砧、蒲田、西は下加茂、太秦である。西の京都という歴史と伝統に育まれた町で、独特の映画作りに携わってきたことが、のちに荒川さんが携わる時代考証という仕事に役立ったのではないか。

口調は柔らかく、内容はなかなか辛口に、とっておきのエピソードを次から次へと京都弁で語る荒川さんを、てっきり京都人だと思っていた。それが意外にも東京、しかも本来ならちゃきちゃきの江戸っ子になるはずの、浅草生まれだという。

荒川さんは大正九年（一九一九）、映画の小道具を貸し出す藤波小道具店の親戚の家に生まれた。藤波の初代が、祖父の弟に当たる。今も藤波は小道具店として存続し、知る人ぞ知る店である。荒川さんは四人兄弟の次男で、兄弟すべてが映画か舞台関係の仕事というのも珍しい。長男は映画の小道具、三男は南座に入り、四男も小道具である。

浅草の猿若町で育って、小学生のとき、中村歌扇という女歌舞伎の内弟子になった。

「そうしたら、たまたま入江たか子さんのところから、『中学にやってやるから、住み込みで入れ』といわれて京都へ来たんやね。京都二中へ入ったけど、試験はなかった。そりゃ、保証人が子爵や侯爵やもの、学校としては出来が悪かろうが入学させないかんでしょう（笑）」

朝五時に起きて、掃除して、風呂を沸かして、学校へ行く。十一時になると帰って、入江たか子の付き人として撮影所へお供する。荒川さんは十二、十三歳、仕事は過酷ではあるが、そのころから銀幕を内側から見てきたことになる。

入江たか子は華族出身で、のちに「化け猫女優」として一世を風靡したユニークな女優である。

「会社では『入江先生』、家では『おひいさま』と呼んでました。正月になると歌会なんかして、来る客も子爵や侯爵や。あの方々を呼ぶときは『御前さま』ですよ。今では考えられんようなことやけど、あの時分はね」

一年ほど入江プロにいて、『月よりの使者』『滝の白糸』を撮り終わったころにやめた。もともと、修業して映画界で仕事をしようと志を立てていたわけではない。

「何も考えてなかった。不景気やから、仕事があるだけでも結構なことやった」

そのあと寛プロ（嵐寛寿郎）に移るが、そこでも相変わらず給仕兼雑用係であった。役者や女優の出演依頼のための予定表を新興キネマへ持って走り、台本をガリ版で刷り、弁当を仕出し屋に取りに行く。当時はガリ版刷りだったキネマ旬報を出版社まで取りに行ったり、女優の付き人もした。

「マキノ（雅広）さんが『春霞八百八町』を撮ったとき、茶店の娘役で出たのが森光子や。『この娘の付き人しいや』といわれて、きいたら同い年やった。用事があると自転車で、光っちゃんの所へよう使いに行ったなあ。十六歳くらいのときやね。そら、忙しかったでっせ。結局、学校はやめました」

寛プロでは社員の待遇で、給料十円だった。朝食はおしんことみそ汁がついて七銭、昼食十銭、夕食二十銭、と荒川さんは記憶している。嵐寛寿郎は給料二五〇〇円、それほどの差があった。百円札すら見たことがない身には、想像もつかない大金だった。

## 今日こそ、溝口を殴ってやる！

ようやく仕事らしい仕事に就いたのが、マキノ・トーキーからである。荒川さんはまだ十代という若さだった。それにしても、名だたるプロダクション、映画会社に次から次へと移れることは不思議に思える。

「マキノ（雅広）さんが会社を作ったとき、小道具で人が足らんというんでね。あの時分、こっちをやめて、あっちへなんて、簡単に入れましてん。そういえば日活のある重役が、『上は所長から下は小道具まで…』と挨拶しとったな。要は一番下なわけや。だいたい小道具なんて重要視されてなかった。溝口さんが『残菊物語』を撮ったときから、初めて重要視されだしたんや。溝口さんは小道具にうるさい方で、それからは他の監督もおいおい変わってきた。それまでは宿屋のシーンがあっても、我々が置物や掛軸を並べると、『そんなもん、映らへんで』（笑）。そんなんやった。役者さえ映っていればええ、ドラマも何もあらへん」

荒川さん自身の仕事史とともに、小道具、時代考証という仕事の推移がわかる。

今とちがって、当時の映画会社は中小零細企業で、離合集散をくり返していた。そんななかで、マキノ・トーキーも経営が破綻し、荒川さんは今度は千恵プロ（片岡千恵蔵）へ入社する。初めは千恵蔵の付き人だったが、日活と合併してからは小道具に変えてもらった。理由は嵐寛寿郎と顔を合わせる機会があるので、少々具合が悪かったからである。

そのころのプロダクションは、つぶれると御大が行方不明になって、社員は行くあてもないというのが普通だった。ところが、千恵蔵は合併に際して全員を引き連れて行き、給料も五円上げさせた。そういう男気があったという。

当時、荒川さんが小道具を手がけた仕事で、印象に残っている作品を上げてもらった。

「稲垣（浩）さんの『魔像』やね。阪妻さんが二役で、格好よかったな。もう徹夜ばっかりで、徹夜、徹夜で半年暮らす、あとの半年ゃ寝て暮らす（笑）」

しかし、世相は寝て暮らすどころか、不穏な空気が流れていた。

昭和十二年、日中事変。映画監督にも映画俳優にも、平等に召集令状は届く。荒川さんも十三年に北支（中国北部）へ赴いたが、一年半ほどで病気になって帰国した。実はそのときの軍医が、偽の診断書を書いてくれたのだった。

「嬉しかったね。十六師団はじまって以来の最低の兵隊や（笑）。天津の陸軍病院で、偽の急性盲腸炎にしてくれて。軍医もいい加減なもんですわ」

太平洋戦争へとつづく軍国主義の色濃い時代を迎える。映画界にとっても多難な時代だった。

荒川さんは戦地から戻って、興亜映画に入り、太平洋戦争の最中は溝口組にいた。

「『元禄忠臣蔵』を撮っているとき、一日何回『馬鹿』といわれるか計算したら、六十何回かやった。『馬鹿！』といわれるためについてるみたいなもんや。今日こそ溝口を殴ってやるぞ！と思うんやけど、ぼくはそのころ、竜安寺に住んでいて、どうしても溝口さんと電車で一緒になる。そしたら、電車の中ではええオッサンやねん」

いつものことだったのかもしれないが、荒川さんが特にこの映画で、「馬鹿」と怒鳴られる回数を印象にとどめているのは興味深い。それは戦局激しい時期、不本意な映画を撮らされたことへの溝口の苛立ちだったのではないか、と筆者は勝手な想像をめぐらせる。

後年、溝口自身がこう語っているのである。

「誰もやるものがなくて、ぼくがやろうと買って出たんです。軍のほうでは松竹撮影所なんかつぶしてしまえ、軍の協力をしない作品を作る撮影所なんかやめろといい出して、せめて忠臣蔵でもやらないと危うい、というので、大谷社長の命令で決まった映画です」

それから十年近くをへて、昭和二七年にベネチア映画祭で国際監督賞を受けた『西鶴一代女』を撮影中のエピソードにも、溝口健二の監督ぶりが窺い知れる。

「大阪の枚方《ひらかた》の京阪電車のそばで撮ってたんやけど、電車が十分おきに通るでしょう。待ってると長い。溝口さんが『タケ、京阪電車、止めてこい』と。無理です、というたらあかん。『はい、わかりました！』『どないすんねん、お前』『ダイナマイトでも仕掛けまひょか』『合法的にいかなあかんで』と(笑)」

絶妙の掛け合いだが、どうなったのだろう、京阪電車は。

「そりゃ、止まらんでしょう、やっぱり。『西鶴一代女』で、沢村貞子さんのかもじを猫がくわえて走るシーンがあって、何匹も猫を捕まえてきてやらせたけど、うまいこといかへん。最終的に猫のシーンだけ残った。溝口さんに『タケ、お前、猫になれ』といわれて。しょうがない、猫になったのはいいけど、障子も畳も大きゅうせんならんし、一番高くついたのがセットやといわれた。『タイトルに名前入れといたろか』『よろしィわ』と」

もしも、「じゃあ、名前を入れといてください」と答えたら、「猫／荒川洸」と入ったのだろうか。くわえた「かもじ」もさぞかし大きかったにちがいない。どれほど監督が独裁者であろうと、スタッフたちはそうそう大人しく、息をひそめているばかりでもなかったようである。

「井上金太郎という松竹の監督、江戸っ子でね。『水戸黄門』やったか、鯛が一匹出るシーンがあって、助監督と裏側の片身食おうかと食べたんや。撮影が始まって、監督が『はい、鯛の頬の肉を取って、ひっくり返して！』と。そんなもん、返されへん(笑)。あのときは銀座に呼ばれて、『昔の貴人というものは、頬の肉しか食わんもんじゃ』と怒られた。溝口さんといい、今井さんといい、井上さんといい、昔の監督は何でもよう知ってましたな」

荒川さんは、本から知識を吸収するというより、むしろ現場で多くを体得したという。それだけ学べる環境だった、ということも幸運ではないか。

戦後は近代映画協会に入り、独立プロ、大映の仕事を数多くこなしたが、テレビが初放映されたのは昭和二八年、荒川さんがテレビと出会うのはまだしばらく先のことになる。

## 『チコちゃん日記』から『王将』まで

荒川さんのテレビとのかかわりは、昭和三九年（一九六四）、NHK大阪の『チコちゃん日記』が最初だった。主役のチコちゃんは柴田美保子で、現在は脚本家・市川森一の夫人である。荒川さんが現場を退いた最後の仕事、坂田三吉を描いた間寛平主演の『王将』で脚本を手がけたのが市川森一だったことも、何やら不思議な縁のように思える。

「女房がお世話になりまして、と市川さんがおっしゃったけど、あれから何年やろか。市川さんとディレクターと三人で飲みましたわ」

『チコちゃん日記』では、装飾指導、演出補佐のような役割だった。同じように、林芙美子のテレビ小説『うず潮』、『法善寺横丁』などのドラマも手がけた。

時代考証としては、やはりNHK大阪の制作で、山本周五郎原作の『折鶴』からになる。大阪で初めて時代劇を撮るというので、ぜひとも助けてほしいと求められたのである。

「BK（NHK大阪）で時代劇が撮れるのかいな、と思うたけどね」

荒川さんの尽力で先鞭をつけて、そのあとも引きつづき、NHK大阪で時代劇を撮るようになる。荒川さん自身も『壬生の恋歌』『いのち燃ゆ』『なにわの源蔵』と、時代考証を引き受けることになった。

時代考証といっても、その時代をただ再現するだけではない。そのまま忠実に再現しても、まったく何をやっているかわからなくなってしまうこともある。矛盾も、作り事もあえて承知で、一種の約束事として、視聴者を楽しませるのである。

例えば、『なにわの源蔵』で桂枝雀が武器にしていたキセルは、どう見ても花魁《おいらん》の持ち物である。そんなものを持っているのは、本来はちょっとおかしいかもしれない。

「何か武器を持たせたいけど、明治の話やから、十手なんか持つ時代とちがうし。吉原の花魁が持つ長いキセルと煙草入れなんかどうやろ、面白いんとちゃうか、とぼくがいうと、『よろしいなあ、それでいきましょう』と。一応、細かいものまで決めますわね」

テレビの時代考証というのは、前述のように学者タイプが多く、時間的な余裕もないことから、台本を検討するだけでロケ現場やスタジオに姿を見せることはほとんどないが、荒川さんは一貫して現場主義でやってきた。必ず撮影現場に立ち会い、飾りつけるときもそばで目を光らせる。

また時代考証家は、どの時代もこなすという人は少なく、明治時代なら誰、江戸時代なら誰、平安時代なら誰、と専門分野が分かれているという。

「平安調やったら、江間修先生。吉村（公三郎）さんの『源氏物語』も江間先生やった。ただ、大先生は融通がききまへんねやな。障子は一尺二寸なかったら、あきまへんと。せやけど障子が大きすぎて、女優の顔が隠れてしまう。吉村さん、それでは困るから、江間先生がお帰りになったあと、縮めた障子を使うたんや(笑)。亡くなられた猪熊和重先生なんかは、その点、鷹揚で。今井さんの『大名行列』のときに相談に行ったら、『どうせ映画でしょう、活動写真でしょう、適当におやんなさいよ』とかおっしゃって」

たまに現場で用がすんで、荒川さんがホテルへ帰って休んでいると、電話がかかってきて、Uターンするはめになる。時代考証以外のことまで相談を受けているのではないか。

「そんなこともあるかなあ。TBSで『新撰組始末記』を撮ることになって、その演出が山本和夫やった。池広一夫の『新撰組』を試写で見て、どうしたらいいのかなァ…と悩んでいたから、そんなもん、映画とテレビは同じようにいかんで。山本和夫は山本和夫の新撰組を撮ったらええやないか、というたけど。所詮、映画とはちがいますもん、テレビは」

この『新撰組始末記』は、スタジオ時代劇としては新撰組ドラマ史に残る名作、といわれる作品である。

例えば、テレビと映画で決定的にちがうのは予算である。準備の期間も少なく、映画一本分の二時間ドラマで一本四、五千万円程度である。一方、映画は一般的に一億から数億だろう。四苦八苦するのだろうが、そこは調達の名人、荒川さんは予算がないならないで、臨機応変に予算の範囲内で何とかしてしまう。それがかえって良くない前例になることもある。

「美術の副部長が『今度は美術の予算八十万やて、どないしまんねん』『八十万なら八十万でやったらええやないか。あるもん全部、使い回しでいこ』と。ところが局側にしたら、『その予算でもできるやないか』となる。悪い見本や。他の人から恨まれたもん」

そのほか、なんとか経費を節約しようと、外国のロケ先からプロデューサーが電話をかけてくる様子を、荒川さんはユーモアを交えて辛辣に語る。

「『壬生の恋歌』で、新撰組に鯛が十匹届くシーンがあってね。『荒川さん、鯛十匹を一匹にしてえな』と外国から電話かけてくるんや。あほかいな、あんたの国際電話代で鯛を買えるやないか、と思うやろ。『なにわの源蔵』のときも、《日本べっぴん番付》という本があって、美人を十人くらい揃えないかん。『三人にしてんか』といわれて、『三人じゃ、先生、絵にならへん』とディレクターが困ってたから、『せめて七人にしたりぃな』(笑)とぼくが掛け合って。それ以来、そのディレクターと仲良うなった」

ついつい、苦笑いしてしまう。映画でも独立プロで鍛えたツワモノだから、予算が少ないくらいでは動じない。新藤兼人監督の『原爆の子』のとき、助けてくれといわれて、荒川さんはたった一人で小道具をこなした。つまりは、予算がないということである。

「新藤が『とにかく、タケやん、金一銭もないんや』と。乙羽信子をつれて、近くの帽子屋で帽子を借りたり、もう借り倒し。仕出しなんか、前もって夏の支度をしてきてくださいというて。だいたい、いつもうまいこと騙して借りてくるんや。詐欺みたいなもんよ」

京都に高津商会という小道具専門の会社がある。大正期、牧野省三の時代から、映画の道具類を提供してきたが、のちに京都本家と東京調布の高津装飾に分かれた。荒川さんの親戚にあたる藤波小道具店も同様の会社である。

「独立プロで二十本ほどやったけど、高津から一品も買わんかった。車を走らせて、あちこちから集めてくるんや。監督も美術監督も、そういう状態をわかってるから、あるもんでいくわな。それがほとんど、人気ベストワンの話題作ばっかり。高津商会の会長、昔から知ってるから、『そんなんしてもろうたら困るんや』といいに来たね」

ひょっとしたら、実はテレビより低予算で映画の小道具を揃えていたのかもしれない。

## なぜ、テレビはつまらなくなったか

他の裏方には学校があったり、志望者が結構多い職種もあるが、時代考証はどうなのだろう。弟子にしてほしい、時代考証を勉強したい、という若い人たちはいるのだろうか。

「最近はなかなかおりまへん。第一、『守貞漫稿』が読まれへん。字が読めんのやな」

『守貞漫稿』は幕末に喜多川守貞が著した随筆で、全三四巻、年中行事や芸能文化、衣食住など、当時の風俗が図入りでまとめられている。江戸時代に関しては、ほとんどここから引き出すという。いわば、時代考証の虎の巻である。

時代考証は日本文化を学ぶことでもあるから、若い人たちに引き継いでいってほしい。荒川さんのように、実践と書物の両方から学べるのが理想だろう。テレビ界でも、映画界でも、そういう育て方をしてほしいと思うのだが…。

ハリウッド映画を日本で撮ったとき、荒川さんはセットデコレーターとして参加したことがある。かける時間も予算も小道具も、とにかくスケールのちがいに驚かされたという。作品はジャック・カーディフ監督の『青い目の蝶々さん（My Geisha）』というコメディで、主演はシャーリー・マクレーンとイヴ・モンタン、封切は昭和三七年（一九六二）だった。

「最初の箱根ロケで、なかなか撮らへん。なんやときいたら、シャーリー・マクレーンの水洗便所を作らないかんからやと。そこから始める。一か月ほど遊びですわ。一週間に一回、ギャラはくれるし、食事はいいし。ただ、外国人スタッフはテーブルで飯を食う。日本人スタッフはいつもの一重折りが三重折りになって、そこら辺の草むらで食う（笑）。

一番びっくりしたのは、夕方に箱根の宿で、『明朝七時に出発、九時に日光戦場ケ原で撮影開始』というんやね。あいつ、頭が狂うてるんちゃうか。小田原までバスで一時間、そこから日光まで一時間で行けるわけがない、何を考えてるんやと。そやない、そこが日本人の発想や。朝起きたら、なんと軍用ヘリコプターが来てるんや。七時に箱根を出ても、八時に日光に着くねん」

横浜に船便で着いたセットを受け取りに行ったが、アメリカの映画専用の小道具にも驚いた。見かけの重量感とちがって、大きなドアや家具が一人で難なく運べるのである。

「素材がちがうから、持ってみるとほんまに軽いんや。料理でも、一回手をつけたら、次のカットのとき、全部新しいのに変えるんやね。それに比べて日本人は、みみっちいなあと。これじゃ、戦争に負けるわと思うた」

映画であろうと、舞台であろうと、テレビであろうと、アメリカのショービジネスの仕掛人たちが、プロフェッショナルに徹していることは確かだ。しかし、スケールのちがいはともかく、せめて武器を持たない戦争に勝ち残りたいではないか。

黒澤明、渥美清、勝新太郎、伊丹十三、三船敏郎、国際的な映画監督や銀幕のスターの相継ぐ死で、ひとつの時代が終わったのかもしれない。多くの人が目撃している有名な逸話ではあるものの、先頃亡くなった三船敏郎の姿は、荒川さんのなかでも生きていた。

「三船ちゃんは、よう働くねん。三船プロへ行ったらね、モップを持って掃除している人がいる。よう見たら三船ちゃんや」

プロデューサーも監督も俳優も裏方も、もの作りにかける情熱に変わりはないはずである。みんな、好きだから仕事をしているのではないのだろうか。

俳優や女優本人はその作品に出たくても、東京でないと「かけもち」ができないからと、所属事務所が関西のテレビ局の番組を断ったりする。そういうことが実に多いという。

「なぜ、やるのか」ときかれれば、「好きだから」という答が当たり前だった時代。そういう時代がかつてあった、などという言い方はしたくない。

テレビがつまらなくなった、といわれる。

いくつものテレビ局があるのに、どの局も同じような顔のタレントが登場し、同じようなお手軽な番組ばかりを見せられる。辟易している視聴者は多いだろう。おそらくテレビ創世記、作り手たちの意気込みはちがっていたはずである。

芸能畑を一筋に歩いて、荒川さんは映画の盛衰を内側から見つづけ、今また「テレビの変わり目」を目の当たりにする。それがテレビの危機なのか、あるいは時代の流れに合わせた変化なのか。確実にいえるのは、「手作り」の要素が減った分、人のぬくもり、肌ざわりといったものが希薄になり、作り手の熱い息吹が画面から伝わってこなくなったことだ。

テレビが誕生して、まもなく半世紀を迎えようとしている。すべてとはいわないまでも、この安易なもの作りの姿勢は、一体、何が原因なのだろうか。

「テレビ界はみんなサラリーマンや」

荒川さんはそういい放ち、ついで慨嘆するように溜め息をついた。

# 9

## 特撮

# ウルトラマン初期の特撮監督

高野宏一

どんどん新しいことに挑戦してましたね。今日はここまでやったから、次はこんなことができないかと、次を、次を考えていく。表現の幅を広げていくというのかな。この人はここまでやった、じゃあ、俺はここまでやるぞと、ある意味でお互いに競い合うんです。

## 鮮やかな特撮テクニック

M78星雲からやってきたスーパーヒーロー、ウルトラマン。その名を知らない人は、この日本ではたぶん少ないにちがいない。現在も『ウルトラシリーズ』はテレビで放映されているが、映画やテレビで、今では当然のように使われているさまざまな特撮テクニックのルーツは、このウルトラシリーズにあるといっても過言ではないだろう。

特撮王・円谷英二が創設した円谷プロダクションで、そのウルトラシリーズ初期から、カメラマン、特撮監督として腕をふるってきたのが高野宏一さんである。最近はメガホンこそ取らないが、スーパーバイザー的な役割で、本作りや絵作り、仕上げにも立ち会う。

初期の『ウルトラマン』の監督や脚本家で、のちに著名になった人は多いが、むしろ光が当たるべき特撮監督はなぜか、知る人ぞ知るという位置にとどまってきた。本書の「テレビの裏方」というテーマ上、監督や脚本家は意識的にはずしたが、監督ではあるものの、特撮という重要なパートを担う裏方として、高野さんにご登場願うことにした。

特撮は一種のトリック、目の錯覚である。言葉は悪いが、いかに視聴者や観客を騙すかが腕の見せどころといえる。特撮の神様として世界的に名を馳せた円谷英二の下で修業して、高野さんは自らの特撮技術を磨いてきた。

まずは、高野さんが鮮やかなテクニックを見せた有名な話をひとつ紹介しよう。

オーストラリアで『ウルトラマンG（グレート）』を撮ることになって、スーパーバイザーとして参加したときのことである。現地スタッフだけで特撮シーンを撮ったが、どうしても臨場感に欠ける。そこで高野さんは、カメラの手前に物を置くことを提案した。当然、手前の物はぼけるので、現地スタッフは訝ったらしい。しかし、でき上がったラッシュを見て、彼らは驚いた。二次元的だった画面が、見事に三次元的な空間に変身していたのである。

「いや、最初は苦肉の策なんですよ。トンと引きたい場合があるでしょう。引くとセットがばれる、じゃ、手前でそれを隠そうと。物を遠くに置いて、ばれる所をカメラの前にベニヤ板を置いて、木やビルのミニチュアを飾り込む。手前はほとんどぼけてるんだけど、スケールの差で奥行きがあるように見える。手前が二分の一で、奥が二十分の一とか、下が十分の一とか、パースペクティブをつけて模型をつくるんです。ただ、レンズの焦点深度の問題があって、できる場合とできない場合があります。絞りを絞れば絞るほど深度は深くなるけど、今度は光量がないから絞れないとか。特にハイスピードに上げるとね。今は良くなったけど、昔は感度も鈍かったから」

撮影では、ウルトラマン兄弟や怪獣に人間が入っていることは子供でも知っているが、そんなことは忘れてテレビ画面に見入ってしまうのは、格闘シーンの迫力と、ビルディングやタワーが破壊される壮快さだろう。その大きさのマジックは、たいていは誰もが知っている物の大きさを利用する。木や東京タワーと比較してどれくらいの背丈か、電柱や屋根は自分の目線より上のはずだからと、そういう観念のなかで比べて、「ああ、そういう大きさの怪獣なのかな」と錯覚するわけである。

「同じ大きさの本物を作って撮れれば一番いいんでしょうけど、やれっこないしね（笑）」

より迫力満点に、よりリアルに見せるためには、それだけでは不足である。例えば、ウルトラマンが怪獣を投げるシーンを撮るのに、五台、六台とカメラを据えて、さまざまなアングルで追うという。

「この間、大阪城を壊したときは、カメラを八台使ったかな。なぜかというと、大阪城は一つでしょ。攻撃されて壊れるんだけど、壊れるときは一発だから。実際には二十秒くらいなのに、それを一分半くらいにする。かなりダブらせているんですよ、よく見ればわかるけど。ダブらせ方は、まあ、ちょっとしたコツかな。それから、高速撮影は大きさ、重さを感じさせるために使うんです。鉛筆を立てて倒すと、すぐパタンといっちゃうでしょう。スローモーションにすると、大きい物がドーンと倒れたように見えるし、重量感を感じさせる。そのほかにスピードを出すために、コマ落としという手法もありますね」

いろいろな手法を組み合わせて、迫力ある画面を生み出すわけである。

しかし、昔とはちがって、高野さんは予算の枠を考えなければいけない立場にある。視聴者も目が肥えてきて、求められるレベルはどんどんエスカレートして高度になっていく。特撮はいいものを作ろうとすると、きりがないだろう。

「それなりに近づけようと努力はしますけど。金がなければ、時間をかけざるを得ない。時間がなければ金をかけざるを得ない。どっちかくれと、金か時間か(笑)。アメリカみたいに何十億、何百億かけたという映画もあるんですから。『ジュラシックパーク』のエフェクトをやった人と話したら、雨の中で恐竜の足がバシャッ、バシャッと迫ってくるシーンがあるでしょう。あのワンカットで五十くらいの素材を合成している、というんですよ。映画でも日本じゃあり得ない。それができるんだから、うらやましいね」

そういえば最近、アメリカの縫いぐるみは冷房装置が入っていて、長時間頑張れるようになっているときいた。円谷プロダクションでは、縫いぐるみはどうなっているのだろう。背中チャック式か、それとも最新式のほかのスタイルか。

「アメリカのはクールスーツといってね、ぼくの見たタイプはベストになっていた。スーツそのものに細いビニールパイプが縫いこんであって、その中を水が通るようになっているんです。例えば怪獣だと、おへその下に水を入れる所がついていて、実際の撮影のときははずす。休み時間に水を入れると、水が体をぐるっと回って涼しくなるんです。アメリカから取り寄せようかなと思っていたところですよ。今はまだ、ほとんど背中チャックですけど、着るのも脱ぐのも早いし、汗をかいても乾かすのにも便利だから。尻尾の下のお尻の所に潜り込む穴を作るのもあって、四つんばいの怪獣などはそれができるんです。ただ怖いのは、何かあったときにすぐ出られないという難点もある、その点、チャック式は安全ですよ」

## 円谷英二の撮影助手として東宝特撮課へ

高野さんは昭和十年（一九三五）、東京都世田谷区で生まれた。戦前は下北沢周辺、戦後は祖師谷周辺で育つ。東宝撮影所は砧だから、目と鼻の先にあったわけである。その東宝撮影所に円谷英二の特撮課があった。それだけではない。実は円谷プロダクション前社長の円谷皐《のぼる》（円谷英二の次男）と、高野さんは同級生なのである。

「終戦後、疎開から戻ってきて、祖師谷小学校に入って、そこで一緒だった。ぼくは中学から成城学園で、彼は別の中学へ行ったけど、遊び仲間というか、魚釣りなんかしてね」

そういう経緯もあって、自然に映画や撮影現場と接していたのだろう。高校を中退して、どうしようかと迷っていたとき、写真が好きだったので、撮影の仕事でもやろうかと思ったという。昭和二九年（一九五四）、円谷英二の特撮課に撮影助手として入った。別に何でもよかったんだけどね、と高野さんは笑う。

のちに『ウルトラQ』『ウルトラマン』で大ヒットを飛ばすことになる、TBSの発足の時期と重なった。アルバイトで特撮課を手伝っていた円谷一《はじめ》（円谷英二の長男）がTBSに入社して、助手の空きができたのだった。考えてみれば、テレビ初放映は昭和二八年だから、高野さんはまさしくテレビの歴史とともに歩んできた、といえるかもしれない。

円谷英二の助手として入ったが、いつも仕事があるわけではなかった。東宝で『ゴジラ』の撮影があるといって呼ばれるときだけ手伝い、あとはアルバイトをしていた。そのうちに東宝技術部の技能契約者として、月給をもらうようになる。

「確か日給三五〇円、悪いほうじゃなかった。セカンドになるまで五年くらいかかったかな。でも、途中でチーフと喧嘩して辞めて、フリーの撮影助手として渡り歩くようになってね」

大蔵映画、ドキュメンタリーの岩波、日映新社などを回っていたが、あるとき、フジテレビで撮影助手をやることになった。

「子供番組だったけど、若松孝二なんかが助監督でいましたよ。それがきっかけで、フジテレビの下にあった共同テレビ運営室から、手伝ってくれといわれたのが都知事のインタビュー。当時は東龍太郎だったかな。カメラマンとして撮ったら、今度は週一回十五分のドキュメンタリー番組をやらないかと。一本目に撮ったのが、『木場はいつも風が強い』で始まる小説があるでしょう。その一節が台本の書き出しにあって、それがたまたま新聞でほめられたのね。カメラワークとナレーションが抜群だと。そうしたら、もう一本空きがあるからって、結局、週二本撮ることになったんです」

演出と雑談しながらテーマを決めて、自分たちの好きなものを撮れるのが面白かった。スタッフは演出、制作、照明、そしてカメラマンの高野さん、その四人で全国を回る。当時はまだ同時録音は少なかったから、カメラを回して、あとでデンスケを回してインタビューするという方法だった。もちろん、モノクロ、十六ミリである。

「印象に残っているのは、『ある無医村の記録』とか『馬の足と馬丁さん』とか。関東大震災のときに犬に助けられたお婆さんが、横浜の旭区だかどこだったか、野原に掘っ建て小屋を立てて、何百頭って犬を飼っていた話もあったなあ。それをしばらくやっていたんですけど、フジテレビにいた円谷皐が『おやじ（円谷英二）が呼んでるぜ』といってきた。行ってみたら、テレビでぼくが撮っている番組を見たと。石原プロの『太平洋ひとりぼっち』という映画を撮るから、カメラマンとして来いと」

『太平洋ひとりぼっち』は、石原裕次郎ふんする冒険家・堀江謙一がたった独りで、ヨットで太平洋横断を果たす自伝的な作品である。全編、人間一人と海とヨットだけという異色作品で、そのなかにマーメイド号が嵐にもまれる特撮シーンがあり、高野さんはそれを撮ったわけである。撮影助手として特撮を手伝ったことはあったが、実質的にはこれが最初ということになる。

「そう、初めてですね、カメラマンとして特撮をやったのは。大して成功したとはいえないけど」

## ウルトラマンの特撮監督デビュー秘話

テレビ番組では特撮のパイオニアともいえる『ウルトラQ』が、TBS系で放送を開始したのは昭和四一年（一九六六）。円谷英二率いる円谷特技プロダクション（現・円谷プロダクション）が、自社制作のテレビ映画を引っ提げて、テレビ界に参入したことは大事件であった。当時の新聞や雑誌で、こぞって特撮の裏話を掲載していたものである。

高野さんは、その『ウルトラQ』の全話に、特撮カメラマンとして参加した。

筆者もこの番組のファンだったが、思い起こすと、『ウルトラQ』は『ウルトラマン』に比べて、子供番組という印象が薄い。大規模な特殊撮影に興味をもったのは、むしろ大人のほうだったのではないか。

ミステリアスなSF的ストーリーが新鮮で、なかでも怪獣が大暴れするものより、旅客機が東京上空で姿を消す『206便消滅す』、巨大な吸血グモが不気味だった『クモ男爵』などが記憶に残っている。

『ウルトラQ』の成功は、さらに爆発的ヒットを生む『ウルトラマン』の登場につながることになる。高野さんは最初、『ウルトラマン』にもカメラマンとして参加した。

三本くらい撮ったころ、ちょっとした事件が起こった。

『ウルトラQ』からの若いスタッフもいたし、どうしても円谷流の特撮になるわけですよ。で、当時の特撮監督とちょっと噛み合わない。夜中までかかってセットを作ったら、監督が『こんなんじゃ、撮れないよ』なんていったんだね。それでみんなが怒っちゃって、助監督やスタッフがおやじ(円谷英二)のところに直談判に行ったらしいんです。ぼくは知らなかったんだけど。高野に撮らしたほうがいい、という話になったらしくて。おやじに呼ばれて行くと、お前がやってみろと。そこからですよ。いわゆる『ウルトラ作戦第一号』という一話目、それをぼくが監督したわけです。当時は撮る順番と放映順がちがっていたんだけど」

特撮監督・高野宏一のデビューである。『ウルトラマン』は第一話からカラー作品だったことも、特筆すべきだろう。全三九本のうち、円谷英二が二本、円谷一が二本、ほかの監督が三本、お蔵入りが一本、あとの三一本を高野さんが監督した。子供たちが楽しみに視ていた特撮シーンは、ほとんどが高野さんの手になるものだということになる。

一本三十分の番組で、特撮シーンの割合はどれくらいだったのか。

「二〇〇カットで五、六分くらいだったかな。ドラマと合わせて全体が実質二三、四分だから、五分の一ほどです。その時々で多少はちがいましたけど。たった五分使うだけでも、当然、準備に丸一日かかっちゃうこともありますからね」

その五分間のために、監督と大勢のスタッフが奮闘する。監督が絵コンテを描いて、今回はこういうイメージで、こういうものを表現したいと伝える。各パートが自分なりに考えて、アイデアを出し合う。現場では最初、怪獣の演技や格闘シーンの殺陣も監督がつけていた。プロレス、ボクシング、相撲などの技からヒントを得て、その場でつけることが多かったらしい。殺陣師がつくようになったのは四本目からだという。

普通のドラマとちがうところは、火薬で爆破したり、怪獣を吊り上げたり、せっかく時間をかけてつくったビルやタワーを壊すので、そうそうやり直しはきかない。特殊効果や特殊美術の離れ業が発揮されるのも特撮ならではだろう。

「映画が総合芸術といわれる所以ですよ。一人じゃできませんからね。弁当の数を数えれば、四十から四五人くらいいるかな。飛行機を飛ばす人、火薬を仕掛ける人、ビルを壊すのにノコギリを入れておく人、木を運ぶ人とか。そういえば、今はコピー機があって楽だけど、当時はコンテ割りをして、スタッフに渡すのも全部、手書きでしたよ」

撮影スケジュールとしては、ドラマと特撮が二本ずつ各十日間、のべ二十日間かかるから、一話を十日間で撮っていた計算になる。もちろん、準備にかける時間は別である。

確かに大変な作業ではあるが、スタッフはやりがいを感じていたにちがいない。それぞれの持ち場のアイデアが火花を散らす現場は、さぞや活気に満ちていたことだろう。

「どんどん新しいことに挑戦してましたね。今日はここまでやったから、次はこんなことができないかと、次を、次を考えていく。表現の幅を広げていくというのかな。この人はここまでやった、じゃあ、俺はここまでやるぞと、ある意味でお互いに競い合うんです。それで技術も作品のクオリティも上がっていったんだと思いますよ」

しかし、どれほどウルトラマンが人気番組とはいえ、テレビの三十分番組で、しかも五分の特撮シーンである。満足のいくものを作ろうとしたら費用はかかる。そんなに自由に新しいことに挑戦できるほど、無尽蔵に予算が用意されていたのだろうか。

「ウルトラマンやウルトラセブンのころは、ぼくら監督はお金のことはノータッチでしたよ。予算はあったみたいだけど、よくは知らなかった。それに、決められた予算通りやってたんじゃ、だいたいNGになるから、ほかの監督のときの予算をプールしておいて使っていたんじゃないかな。いま考えれば、五分というのは予算の目安でしょう。特撮の比重が五分の四なら、一か月一本しか無理ですよ。最近は立場上、お金ががかかると困ったなと（笑）」

太っ腹といおうか、鷹揚といおうか、制作にかかわる人間にとってはまさに天国である。当時は、今のテレビ番組とはちがった感覚で作られていたことが窺い知れた。

## 次世代の特撮監督予備軍たち

『ウルトラQ』から『ウルトラマンギガ』へ、この三十年近くをへて、どのように仕事のやり方が変わってきたのだろう。

ウルトラマンの光線技・スペシウム光線は、フィルムに一コマ一コマ鉄筆で描き入れていたそうである。実際には光線はないものだが、撮影時は構えをしながら、口で光線を出すときの声を発して、怪獣がドーンと倒れる。その何コマ分かのシーンに、ここからここまでスペシウム光線を入れてほしいと指示をすると、映像とタイミングを合わせながら、光線係というアニメーターが一コマずつ、きっちりと計算して描かなくてはいけなかった。

今、常に新しいトリックを作り出していく特撮が、急速に進歩していくコンピュータ社会で、その技術を活用していないはずはない。画面をデジタル合成したり、３Ｄを駆使したり、縦横に採り入れているのではないか。予算と時間との勝負に、あるいは高度なテクニックでリアル感を増すために、どれほどの効力があるのだろう。

「いろんなハード、ソフトがありますけど、一長一短です。例えばフィルムを一コマ一コマ修正していく場合もありますし、デジタル処理を使うこともありますよ。ピアノ線やロープを消すのなんかは便利ですね。何フィルムか移植すればいいんだから。でも、3Dコンピュータで描いても、なかなか質感は出ないんですよ。光と影が難しいですね。バックに怪獣とウルトラマンがいたとして、こっちから入ってきた光と、あっちから入ってきたものとが合わないことがあるわけです。リアルに見せるためには、そこを綿密に計算しなきゃいけないでしょう。時間があれば、それでもいいんですけれども」

VTRにも問題はある、と高野さんはいう。予算的にはVTRのほうが安いが、デジタルが出たとき、フィルムと重ねて見たら質感がちがった。明るくすると火薬が真っ白になってしまうし、落とすとほかの部分まで落ちてしまう。特撮はしばらく、フィルムでやらざるを得ないようである。

『ウルトラマンティガ』の撮影現場を見せてもらったが、メーキングとして紹介されるものは、それ自体がひとつの作品だから、上手に編集されているのだろう。この仕事につきたい人以外は、現場はそう面白いものではないかもしれない。OKが出るまで何度も改良を加えたり、映像になったときのハイライトシーンも、現場では一瞬で終わってしまったりする。いかに特撮がトリックかがよくわかる。その退屈でハードな作業を、スタッフたちは黙々とこなしていく。好きでなくてはできない。

次の作品『ウルトラマンギガ』の準備で、そろそろ忙しくなり始める時期だった。しばらくはまた、徹夜で作業をつづけることになる。

これから特撮をやりたいという若者たちに、どういう経路があるのだろうか。

「一応、映画学校があるでしょう。ぼくらの仲間が講師になってますけど、結局は経験ですよ。チャンスがあって、この世界に入って、どこまで我慢できるか。最初は泥んこになる覚悟がいる。汚いし、眠いし、つらい。時間は不規則、暑い、寒い、その辺をはいずり回って、助監督にあれしろ、これしろといわれるし。例えば、泥の中から怪獣が出てくるとしますね。怪獣を埋めて、その横にいろっていわれて。首は出せないわ、怪獣が出たあとで、おがくずやら泥やら頭の上から降ってくるわで、さんざんだよね(笑)。

最近、美術のアルバイトを美術学校に募集するけど、美大の学生なんか、一日一万円でも来たがらないもの。来ても十万、二〇万ほど稼いだらやめちゃう。つづけようと思わないみたいだなあ。下積みは長いけど、残った人はコマーシャルで稼いで年収三千万とか、すごい収入の人もいますよ」

円谷プロダクションは台湾や上海にも関連会社をもっているというが、ひょっとしたら、日本の若者だけでなく、外国にも高野さんの後継者たちが潜んでいるかもしれない。

# 10

## 写　譜

# 元日本有数のビブラフォン奏者

飯田国雄

パソコンが普及して、作曲から譜面づくりまで、キーボードでできてしまう時代だから、いずれ写譜という手作業はなくなるかもしれない。でも、今のところは、正確さや早さの点で、手書きのほうが上です。

## 写譜は音譜のコピーではない

複数の楽器で演奏する音楽の場合、バイオリンならバイオリン、チェロならチェロと譜面が分かれており、演奏者はその譜面に従って演奏し、例えばクラシックなら指揮者が全体の音のリズムやハーモニーを統一し、ひとつの音楽空間を創造する。

実際に演奏するプレーヤーのために譜面を写す作業は、写譜といわれる。以前は、作曲家の弟子やプレイヤーが自分で筆写していたのだが、ある時期から、それを職業とする人たちが現れた。音楽が大衆化され、テレビなどの普及でジャズやポップスが全盛になるにつれ、写譜の需要が急増した結果である。

元ビブラフォンの名プレーヤーであった飯田国雄さんは、日本で五十人ほどいるといわれる写譜屋の一人である。

飯田さんの所属するハッスル・コピーという会社を訪れたとき、飯田さんはちょうど、ラテンの名曲『マシュケナダ』のタイトルを、先が三つに分かれている独特の写譜ペンで書いているところだった。

飯田さんの机は、手前のほうにやや斜めに傾斜しており、そのうえで、作曲家の書いた一見判読不可能と思われるような音譜を、独特のタッチで、きれいに五線譜に写していく。

「この仕事を始めて十年になりますが、根気のいる仕事ですよ。それと、いつも時間との戦いです。早くきれいに仕上げることはもちろんですが、同時に、音楽の内容を把握して、作曲家の意図を、いかにわかりやすくプレイヤーに伝え、演奏しやすい譜面にしていくか。イラストレーターのセンスと音楽的なセンスの両方がないと、いい写譜屋さんにはなれませんね」

いつも持ち歩いているという愛用の写譜ペンを手に、飯田さんは温厚な目を輝かせて語る。

本書に登場願った職種のなかで、おそらくもっとも地味で目立たない仕事だろう。以前、謄写版印刷が普及していた時代、ガリ版切りという仕事があったが、ふとその仕事を連想してしまった。

「パソコンが普及して、作曲から譜面づくりまで、キーボードでできてしまう時代だから、いずれ写譜という手作業はなくなるかもしれない。でも、今のところは、正確さや早さの点で、手書きのほうが上です」

能率や効率というだけではなく、それを使う者の身になって、縁の下の力持ちに徹する。そのことに、飯田さんは写譜屋としての自負を覚えているようだ。

アレンジの場合などでも、プレーヤーにとって、譜面は必需品である。

「演奏するとき、プレーヤーは、いちいち譜面を見ながらやってるわけじゃないんですよ。音譜は普通、全部、頭のなかに入っている。ただ要所要所を見ないと不安だから、置いてあるんです。保険のためにね。坊さんがお経を読むとき、お経の本を前に置いてやってるけど、それを読んでるわけじゃないでしょ。それと同じなんです。われわれ写譜屋は、写譜しながら、その譜面がどうやって動いているかを考えてます。そして写しながら、音譜をいつもうなってるんです。心のなかで歌ってるんですよ」

そのため、譜面のまちがいなども、写していて気づくことがある。その場合、作曲家などには断らずに、さり気なく直すというが、それで文句をいわれたことはない。

演奏していて意外にむずかしいのは、譜面をめくる間《ま》であるという。いかに演奏の流れをこわさずに、自然にめくれるか、そのへんをも十分考慮して作業をしていく。

「だから、ドラムならドラム、ギターならギターの特性を知っていないと、めくりのタイミングがわからないんです。ぼくの友人でマリンバでは日本一の演奏者がいるんですが、あるとき、彼の写譜をハッスル・コピーでやった。他の人間がやったのだが、納品したあと彼から電話があり、お前のところにはプロがいるのかと。もちろん、みんなプロだといったんだが、彼のいうには、自分がソロをしているとき、ちょっと休みがある、その休みのときに譜面をめくるんでは、まずい。自分がソロをしているときは、バンドのなかで自分が花形なんだ。ソロしていて、手をパッと休めたとき、どこか空間の一点を見る、それが絵になっていなければならない。そのとき譜面をめくったりしたんでは、台無しだ、なんでこんな一番いいときにめくらせるんだって怒るわけですよ。書き直してくれっていうんで、ぼくが書き直しましたけどね」

確かに楽器の特性をよく知って、バンドなりオーケストラなりが、どんな流れで動いていくかがわかっていないと、写譜という作業は成り立たない。

「だから、ここで手を休める、次にピアノがこうくるから、ここでめくれる――といったように、小節を全部数えていくんです。数学ですよ。それで、あるページのなかに、その小節を無理にでもおさめたりする。だから、あるページの譜面は、例えば右のほうに狭く縮こまったり、バーッとひろがったりする。音楽を知らない人は、なんでこんなに間隔を開けて書くのかと、つめて書いてしまう。見た目にはきれいでも、それでは駄目なんです」

なるほど、単なるコピーではないのである。あくまで使い手にとって、もっとも使いやすいものに、限られた時間のなかでキチッと仕上げる。それが職人仕事の職人仕事たる所以なのだろう。

ところで、意外に知られていないことだが、フランスの哲学者ジャン・ジャック・ルソーは晩年、写譜を日課のようにしていた。ルイ十五世からの年金を拒絶し、写譜屋として生活の糧を得る一方で、写譜という行為そのものに、大きな意味を見いだしていたようだ。晩年の七年間、実に一万枚以上の楽譜を写譜しているのである。

それほど音楽の世界では、写譜は重要な位置をしめており、写譜の善し悪しが演奏に少なからず影響するようだ。

最近では音大を卒業して、そのまま写譜の仕事につく人も多いが、サックスプレーヤーであったのに、歯が悪くなってこの世界に入ってきた人など、もともとはプレーヤーであった人が、かなりこの仕事をしている。

飯田さんも、その一人である。

北海道に生まれ育った飯田さんが、ビブラフォンのプレーヤーとなり、その後、紆余曲折をへて写譜にたどりつくまでの人生航路は、そのまま、戦後日本のジャズやポップスの盛衰史と重なりあう。

## 平岡精二の唯一の「弟子」

飯田さんは、昭和十年、函館で生まれた。父は国鉄に勤務する鉄道マンで、六人兄弟の三番目だった。飯田さんは子供のころから音楽好きで、素質にも恵まれていたようだ。八歳になったとき、ピアノとアコーデオンを始めた。

アコーデオンは急速に上達したが、十二歳のとき、右の小指を怪我してしまい、結局、音楽を断念してしまう。

やがて、父が函館駅長を最後に国鉄を定年退職し、一家は父の故郷である博多に引っ越した。昭和二七年だった。朝鮮戦争の休戦協定が結ばれた年で、博多にあった米軍の空軍基地板付には、進駐軍が大挙して駐屯していた。街にはジャズがあふれ、横文字の看板をつけた店が建ちならび、アメリカの風俗が氾濫していた。

十七歳の飯田少年にとっては強すぎるほどの刺激であり、眠っていた音楽への興味が一気にふきあがった。大壕《おおほり》高校に入学したものの、勉強そっちのけで音楽に熱中し、たちまち新しい友人たちとバンドを組んだりした。

「友人に、お前、小指を使わない楽器があるぞって、いわれたんです。アルトサックスだったんですが、ためしてみると、指が届かないんですよ。それで、やっぱり駄目かとあきらめていたら、小指に関係ない楽器があるって。それがビブラフォンだったんです」

最近ではあまり見かけなくなったが、木琴の木の部分がパイプになっている打楽器である。ビブラフォンといえば、日本では戦前アメリカで修業を重ねた平岡精二が第一人者だった。ある日、博多で平岡精二のバンドの演奏会があるというので、飯田さんは友だちと一緒に見に行った。ジャズ歌手の旗照男が同行してきた。飯田さんにビブラフォンの存在を教えた友だちは、旗照男の親類だった。

平岡精二の華麗な演奏とビブラフォンという楽器の響き。博多の高校生にとって、この生《なま》のステージは強烈な印象だった。演奏会が終わったあと、友だちと一緒に、楽屋にいる平岡に会いにいった。

「若かったし、怖いもの知らずだったんでしょうね。ぼくは、そこで、いきなり平岡さんに、ビブラフォンを教えてくださいといったんですよ。平岡さんは、自分は弟子はとらないと断ったんですが、ぼくは粘って、なんとか教えてもらいたい、東京に行ってもいいって食い下がったんですね。そしたら、平岡さんは、情熱にほだされたのか、ラジオの仕事でときどき博多に来るので、そのときに教えてやろうといってくれたんです」

飯田さんによれば、後にも先にも、平岡精二が自分で直接ビブラフォンを教えたのは、飯田さんしかいないということだ。

よりによって、無名の青年である飯田さんに、著名なビブラフォン奏者の平岡精二が、なぜ教える気になったのか。

持ち前の粘りと情熱に加えて、飯田さんにはもう一つ「秘策」があった。

「実は、平岡さんが演奏した曲でレコードになっているのを手に入るかぎり買って、それを全部、暗記したんです。平岡さんが、そんなにビブラフォンが好きなら、ちょっとやってみろというんで、ぼくは勇んで演奏したんです。そしたら、きみ、そこがちがう、手順がちがう、運指はこうやるんだ、左ではなく右からスタートすればいい、とかいわれたりして、結局、教わることになってしまったんです。平岡さんの曲を全部暗記していたのが、効いたんでしょう」

飯田さんの、どこか人懐っこいところも影響していたのかもしれない。それまでに、飯田さんは、玩具のような小さなビブラフォンと教則本を買って、自己流の練習を重ねていたのだった。

やがて、飯田さんは仲間三人とスリーサンズというバンドをつくった。

当時、在日米軍の放送であるFENで毎朝五分間、スリーサンズ・アワーという音楽番組を放送しており、それから名前をもらったのである。ベースとドラムとアコーディオンの編成だった。

すでにこのころには、高校は中退してしまい、とにかく音楽で生活していこうと気持ちを固めていた。

## 米軍クラブでの演奏活動をへて上京

一個人の希望や期待とはかかわりなく、世のなかの空気の流れ、風向きといったものが、本人にも気づかないところで、人生航路に微妙な影響をおよぼしていることがある。風は気まぐれで、順風にもなれば逆風にも突風にもなる。飯田さんの場合、朝鮮戦争の休戦協定が成立し、板付の米軍基地が縮小されたことが、順風になったようだ。

進駐軍のクラブでは、それまでオーケストラで演奏していたのだが、基地縮小のため、経費の関係から小さなコンボを雇うようになり、スリーサンズに声がかかったのである。クラブでは、アメリカ人のボスが、飯田さんのために、ミルト・ジャクソンが使っていた本格的なビブラフォンをアメリカ本土から取り寄せてくれた。

当時の金で五十万円近くするものであったが、やがて飯田さんは、それを買い取ることにした。もっていた楽器やなにかをすべて売ったりして二十万をつくり、あとは月賦にした。

「財産といったら、このビブラフォンしかないし、これで食っていくしかない。それで、もう必死に勉強しましたよ。クラブの将校がアメリカに帰るとき、月賦の残りはチャラにしてくれましたけどね」

必死の勉強の甲斐あって、一年後、飯田さんは、博多で行われた音楽コンクールのジャズ部門で優勝した。それが契機となって、飯田さんはスカウトされ、ＭＪＱというバンドの結成に参加した。ピアノ、ベース、ドラム、そしてビブラフォンの編成で、スリーサンズのようなアマチュアに毛のはえたようなバンドとはちがい、文字通り本格的なプロのバンドだった。

このMJQがFENに出演したとき、たまたま車のなかで、当時テレビの音楽番組で人気のあった歌手のミッキー・カーチスが耳にした。

「ミッキーさんは、MJQっていってるけど、ビブラフォンはイイダっていっている。演奏はまったくMJQのコピーだし、こんなバンドあるのかなって、知り合いの平岡さんにきいたらしいんですよ。そしたら、平岡さんが、あれは俺の弟子だよ。ジャクソンそっくりだってことで、ぼくに東京にこないかって、ミッキーさんから声がかかったんです」

ミッキー・カーチスといえば、日劇ウエスタン・カーニバルで有名になった、ロカビリー歌手だった。このときはシティクローズというバンドをひきいて、テレビの『ザ・ヒットパレード』に出ていた。ザ・ピーナッツなどがレギュラー出演していた、日本テレビの人気音楽番組である。

ところで、現在、飯田さんは作曲家宮川泰の写譜を一手に引き受けているが、宮川泰は、当時シックス・ジョーズにいて、ザ・ピーナッツの伴奏をやっていた。人の運命とは不思議なもので、現在、飯田さんが写譜の仕事をしているのも、宮川泰の存在を抜きには語れない。

その後、飯田さんはミッキー・カーチスのバンドをやめ、藤家虹二のバンドをへて、一時、石井好子事務所にも所属し、シャンソンのアレンジもやった。

ミュージシャンには、もともと個性の強い人が多く、普通のサラリーマンのように、自分を殺してでも、ひとつの組織に長く勤めるような人は少ない。飯田さんも、その例にもれず、やがて自前のバンドをつくった。

まず、ウイザード・サウンズ（音の魔法使い）をつくり、銀座のクラブなどを主な舞台に演奏をつづけた。それを八年間つづけたあと、スペースメン（宇宙人）を結成した。

スペースメンの特色は、若い女性ボーカルを二人加えたことだった。歌だけでなく踊りをまじえたものにしようと振付を考え、売り出そうとした。

ちょうどそのころ、歌と振付けを巧みにミックスしたピンク・レディが出現し、爆発的な人気を得ていた。その影に隠れてしまい、スペースメンの人気はいまひとつだった。

それでも、池袋の東武デパートの十五階にあったニュートーキョー経営のバルーンというレストランと出演契約を結び、ユニークさを発揮する。

「お客さんが五百人も入れる大レストランで、ピンキーとキラーズとか、ダニー飯田とパラダイスキングといったバンドが入ってたんですが、そこに乗り込んでいったんです。われわれは無名ですから、なんか特色を出そうと、ボーカルの女の子にマジックをやらせたんですね。それと、当時六万もするポラロイド・カメラを買って、子供の客の顔を撮ってやり、プレゼントするんです。子供をステージにあげて、歌のお姉ちゃんと一緒に歌ったり踊ったりさせて、それを写真に撮る。ここで大事なのは、子供の顔を覚えることなんです。その子が、お母さんに連れられて次に店に来たとき、名前を呼んでやるんです。子供は感動して、また母親と一緒に店に来ます。フィルム代とか、こっちでもつのでお金はかかりますけど、そうやってお客さんを増やしていったんです。これがうけて、当時、ブルーコメッツなんかも出てましたけど、お客の動員数では負けませんでしたね」

飯田さんは、自慢話になっちゃいますがと断ったうえで、ミュージシャンとしての往時を懐かしそうに語る。

結局、店との契約は二年にもなった。そのあと、東中野の日本閣に出たり、赤坂のキャバレー・ミカドや新宿のホストクラブ、渋谷のクラブなどにも出演した。飯田さんのアイデアや個性もあって、面白いエピソードに満ちており、一時は客のチップなどで、アブク銭がふんだんに入ってきた。しかし、どんなに飯田さんが斬新なアイデアを考えついても、時代の流れに抗することはできなかった。

## カラオケの普及で仕事が減り、写譜屋に

「今は、どこのスナックやクラブに行っても、カラオケですね。お客さんが歌う時代になったんです。それで、フルバンドやコンボは必要なくなってしまい、結局、スペースメンは解散に追い込まれていくんです」

ただ、カラオケが今のように普及したことの一端は、飯田さんたちが担っているという。

「当時、ディック・ミネとか東海林太郎とか、歌手のレコードとかテープは、演奏と歌が一緒に入ってたんですよ。それで、歌をぬいた伴奏だけの曲をつくって、スナックなんかで演奏して客に歌わせれば儲かるんじゃないか。そう考えて、歌ぬきの曲のアレンジを仲間とバンバンやり始めたんです。それを八トラのテープ、四曲ぐらい入っているテープがありますね、それを作って、アイディアをレコード会社に売り込んだりしたんです」

やがて、歌手の吹き込みをする際、伴奏だけをトラックに残して、歌をぬけばカラオケになるようなシステムができ、カラオケは爆発的に流行した。皮肉なことに、そのためクラブやキャバレーなどで、ミュージシャンの仕事がなくなってしまったのだった。

「そもそも、カラオケを考えたのは、われわれミュージシャンなんです。でも、あのときは、お客さんが、こんなに自分で歌うようになるとは、読めなかったですね。結果として、自分で自分の首をしめてしまったということですよ」

と飯田さんは自嘲する。カラオケ装置をつくり、多大の利益をあげたのは別の企業だし、ミュージシャンには、仕事の激減という事態が待っていた。

その後、飯田さんは、アレンジの仕事をした。しかし、一部の有名アレンジャーは別にして、アレンジ料は写譜料金が込みとなり、写譜屋さんに頼んだのでは、とても利益がでない。

そこで飯田さんは、アレンジでは食えないので、いっそ写譜屋になろうと思いたった。しかし、現実に写譜をしたことはなく、習わなければならない。そんな折り、現在所属しているハッスル・コピーで写譜を募集しているときき、応募した。

「社長に会いに行ったんですけど、うちは写譜の養成所ではない、それに募集しているのは若い人だと、断られてしまった。腹がたったけど、しょうがない。諦めて帰ろうとしたとき、たまたま宮川泰さんとエレベーターの前で会ったんです。宮川さんは、この会社に写譜を頼んでたんで、それなら社長に話してみようと。この人は日本一のビブラフォン演奏者だといってくれて、それで入れたんです」

当初は、二か月間ほど写譜を勉強し、やめる予定であった。

それが、すでに十年以上、写譜をつづけている。写譜の能力はもちろんのこと、飯田さんが味のあるタイトル文字を書くことから、ミュージシャンたちにも注目され、飯田さんは、会社にとってなくてはならない存在になってしまったのである。現在、ハッスル・コピーの写譜のタイトルは、飯田さんがすべて書いている。

注文先から、このごろハッスル・コピーのタイトルはいいねえ、といわれることも多く、それも飯田さんの励みになっている。

ただ、ここにくるまで、飯田さんなりに苦労をしたようだ。

「最初は、どうやったらうまく書けるか、悩んで、ペンキ屋とか印刷屋にも足を運んだりしました。でも、時間ばっかりかかって、うまく書けない。そんなとき、会社に、写譜をするために生まれてきたと思えるくらい上手な女性がいたんですよ。ぼくは、この人を見て、ああ、こういうふうになりたい、この人の弟子になって、教えてもらいたいと思ったんです。それで、その人の机にいって、のぞきこんでいたら、見ないでくださいと怒られてしまった。仕事の邪魔になるんですね。そこで、ぼくは考えた。みんな忙しいし、教えてくれない。それなら独学するしかないって。それから、ぼくは毎晩、誰よりも遅く帰ることにしたんです」

なぜ、そんなことをしたかというと、他の社員がクチャクチャにして屑籠に捨てた書き損じを拾うためだった。それを家に持ち帰り、皺をのばし、なぞったりしながら練習した。

「ほんと、涙ぐましい努力ですよ。なんで、お前、早く帰らないんだといわれましたけど、目的があるから帰れないんです。屑籠から拾った書き損じに、書いた人の名前をいれて、家で見るんですよ。ああ、この人はうまいな、この人は、ここでミスをやったなと、癖もわかるし、とにかくそれを見ているうちに、写譜ってものがわかってきたんです。彼女は、もう会社をやめてますけど、ぼくに夢を与えてくれた人です。今まで、誰にもこんなこと話してないんですよ」

## 写譜の将来

写譜の世界にも当然のことながら、コンピュータが入りこんでいる。例えば、半音あげた譜面がほしければ、キーボードの操作で、一括して変更になった譜面を取り出すことも可能になった。考えてみれば、ビブラフォンという楽器が衰退したのも、シンセサイザーができ、似たような音を簡単に出せるようになったからである。

　写譜の将来について、飯田さんは、こう語る。

「一種の伝統芸として一部は残る可能性があります。それと、写譜っていうのは、音楽の内容を把握するのが、第一条件じゃないですかね。音楽がわかってないと、いくら速くて、きれいでも駄目なんです。商品だから、見た目にきれいなほうがいいと思われるんですけど。ぼくなんか、ステージで演奏してきたから、汚くても読みやすいほうがいいですね」

　写譜の仕事は、一頁三時間で仕上げる場合もあれば、三日もかかる場合もある。そして一枚何百円、何千円の世界で、経済的にもけっして恵まれているとはいえない。

　夕方、仕事がきて、明日の朝までということも多く、そのため、いつ仕事がきてもいいように、飯田さんは愛用の写譜ペンを財布と同じように持ち歩いている。作業をしていて、眠くなるときもあるが、眠っていても、手だけは動いているという。

　すでに、身も心も、職人である。

　ただ、今でもときどき、作曲やアレンジの仕事をする。面白いのは、自分の書いた譜面は、すぐ直したくなるので、他人に写譜をしてもらうということだ。

　ところで、今でも飯田さんは、ビブラフォンを三台もっている。しかし、場所をとるので、愛用していたビブラフォンの一つを、楽器屋にあずけて委託販売に出した。ミルト・ジャクソンが使った由緒ある楽器だが、なかなか売れないので値段を十万円まで下げた。それでも買い手はつかない。

現在、東京には、ビブラフォンの演奏者は十人程度しかいないということで、売れないのも当然かもしれないが、飯田さんとしてはずいぶん淋しいことだ。

「バンドをやめてから、これまでビブラフォンの仕事の依頼があったのは一回だけです。ミルト・ジャクソンがいなくなったら、ビブラフォンは消滅してしまうんじゃないかな」

こう語るとき、飯田さんの声は小さくなった。

飯田さんの名人芸の写譜とタイトル文字を見せていただいたが、ここはやはり、飯田さんがステージで颯爽とビブラフォンをたたいている姿を見たい、と思った。

# 11

## カメラ

# 『世界の車窓から』の名カメラマン

河村正敏

例えば、風景のなかに身をおいてしまうと、かえって風景の特徴がわからないものなんですよ。ところが、同じ風景でも枠に切り取ると、いろいろ見えてくるものがあるんです。枠っていうのは重要です、それは切り取るということですから。

## 世界の車窓から

月曜から日曜にかけて、毎日、夜の九時五四分から数分間『世界の車窓から』（テレビ朝日系）というミニ番組が放送されている。海外の列車の走る風景や窓からの景色、乗客の姿などをとらえ、そこに音楽を流すだけの番組だが、すでに十数年もつづいており、騒がしいばかりの番組が多いなか、一服の清涼剤のような趣があり、ファンも多い。

カメラマンの河村正敏さんは、この番組の初期のころから一貫してカメラを担当してきた。番組はイギリスの作家ポール・セローの『鉄道大バザール』から発想されたもののようで、汽車の窓から何気なく見た風景や人々の営みに、ふっと心がなごんだりする体験を、映像でとらえたものである。

「番組を始めた当時は、ドキュメンタリーが全盛のときですから、ミニ番組なんかバカにされてたんです。そのとき、ぼくは、これからは体験に近い番組、作り手というより見る人が主役になる番組だと思ったんですね。旅というのは旅をする人が主役なんです。番組の趣旨は、旅人の目で、出会うものを記録していこうということでした。そのため、基本的にロケハンなしで、旅に出てぶっつけ本番で列車の窓から見える風景を記録していこうと。それまで漠然と考えていた、ぼくのカメラマンとしての感性に合うと思ったんで、喜んで引き受けました」

と河村さんは番組のカメラを引き受けたときの感想を語る。

河村さんは、いわゆる全共闘世代である。白いヘルメットで一世を風靡した「日大全共闘」のメンバーとして、闘争に参加し「挫折」を体験している。この世代の常として、妙に理屈っぽく、社会批判を強く打ちだすタイプが多いなか、河村さんのスタンスは、ちょっとちがう。

「テレビはジャーナルってことが強く、いつも社会批判をしなくてはいけない。つまり、ロジックなんですね。ぼくは、最初、テレビと出会ったとき、テレビというのは、その人が問題なんだ、技術ではなく、その人のメンタリティが大きいと思ったんです。つまり、ロジックではなく、感性だと思ったわけです。べつの言葉でいえば、ぼくらのなかに物語がひそんでいるわけですよ。その物語に出会っていくことを、大事にするメディアではないかと」

河村さんによれば、例えば映画なら、職人芸があれば、ごまかしがきく。つまりテクニックでどうにでもなるが、テレビの場合、まるごとの自分が出てしまう。

「テレビは、自分の人間性が問題になると思ったんですね。ですから、自我そのもの、自分の魂といっていいかと思うんですが、その魂が出会ったものが、大事になってくるわけです」

『世界の車窓から』は、そんな河村さんの考えにぴったりの番組だった。

番組には、空撮を入れるとか、あるパターンのようなものはあるものの、基本は現場に行って、旅行者の視点でカメラを回すことだという。

旅に出て、風景や人々と出会ったときの感動を、素直に記録していく。それが基本なので、どこをどのように撮影するかという打ち合わせも簡単なようだ。

河村さんは今でも『世界の車窓から』の撮影のため、年に四、五回は、海外に行く。アフリカの奥地などをのぞき、ほとんどの国に足を踏み入れており、何度も訪れている国もある。

初めての国でも、旅人の視点にたち、出会いの瞬間を大事にしたいと思っているので、事前の調査はあまりしないようにしている。即興の妙というのか、列車に乗り込み、いきなり撮影を始めることが多い。

「乗客の許可などとらずに、まず撮影を始めるんです。最初は、カメラと乗客と、お互いさぐりっこになるんです。言葉はまじえません。向こうも撮られていることがわかると、ぼくに何かを伝えようとして、だんだんと、いろんなことをやりだす。最初は緊張するんですが、やがて撮られていることが気持ちよくなるんですね。カメラをまわしていて、人生そのものを一番感じられる瞬間です。ぼくも含めて、相手の人生が見えるというか、人生に一番よく出会える場所なんです。走る列車のなかというのは、非日常的な空間です。そこで、ぼくと彼らは、同じ場所に立って、撮る者、撮られる者という関係を越えて、フィフティ・フィフティになっている。人生の出会いと同じだと、ぼくは思ってます」

## 父に買ってもらったキャノネット

ディレクターに指示されるまま、機械的にカメラをまわすカメラマンと、河村さんは、ちょっとちがうようだ。カメラマンの理念というか、確固とした「哲学」をもっている。

もちろん、河村さんが一足飛びに、こういう心境にいたったわけではない。読書し思索し、悩み傷つきながら、試行錯誤の末に、獲得した境地である。

河村さんは、昭和二二年、山梨県の韮崎《にらさき》で生まれた。

中学のとき、高校の教師であった父が、キャノネットを買ってくれた。それが実質的に河村さんのカメラとの出会いであり、以後の人生を決定していく。

「一番最初にでたインスタント・カメラだったんですけど、もう、嬉しくて。たまたま猫かなにかの写真を撮ったところ、近くに住んでいた山根さんという写真家が、面白いといってくれて、それで写真にのめりこんでいったんです」

河村さんは、勉強より体を動かすことの好きなスポーツ少年で、中学、高校と陸上部の選手だった。

「百メートルの記録は、十一秒台だったんですが、体育会にはなじめなくて、その反動もあってカメラにのめりこんでいったんです。たまたま学校が火事になって、家が近かったものですから、キャノネットを持ち出して撮ったことなど、印象に残っています。当時、NHKのテレビでフランス映画をよくやっていて、カメラワークが新鮮だったものだから、すごく興味をもって、NHKに手紙まで出したんです。入社したいって。なにしろ田舎町ですから、日大の芸術学部などがあることも知らなくて、ただ映像関係の仕事をしたいと思うようになってたんですね」

高校の三年になって、いっそう、映画カメラマンになりたい気持ちが募り、日大芸術学部の映画学科に入った。

大学では、東京オリッピックの撮影監督をやったカメラマンの碧川道夫についた。

「碧川さんには二年間、指導を受けたんですが、とにかく写真をたくさん撮る人で、ずいぶん影響を受けました。ただ、大学紛争が起こって、碧川さんはやめてしまうんです。ぼくも、大学闘争に熱中してしまって、その後、挫折してしまう」

第一次羽田闘争にもかかわり、日大全共闘に参加、救護班に所属し、写真を撮りまくった。実習では、大学当局を批判する八ミリ映画などを制作した。

卒業制作は十六ミリのフィルム作品で『お前はどこへ』というタイトルだった。

「演出、カメラ、録音の三人で作った三十分の作品です。ぼくが演出をして、カメラは今、小田和正を撮っている西浦カメラマンで、終電車の中ばかり撮ったんです。終電車に乗っている乗客を、同時録音でインタビューして、つないだものです。自分たちが『どこへ行くのか』『どこへ向かっているのか』ということをテーマにしたんです。当時、学内の審査があって、グランプリをとると、モスクワ映画大学へ留学できた。それで、期待してたんですけど、駄目でした」

今でこそ、河村さんはカメラマンとしての自信にあふれているようだが、二十歳前後は、大学闘争の挫折もあって、まったく自信を喪失していたという。

河村さんに自信をもたらしたものは、十九歳のとき知り合った、今の奥さんだった。当時、奥さんは銀行員で、河村さんより二つ年上だった。

「ぼくは挫折を経験していたこともあって、社会に出るのが、怖いというか、嫌だったんですね。社会と自分との感覚がずれていて、自信をもてなかった。それで、大学院に残ろうと思って、当時、映画学科に研究所というのがあったんで、そこに一年間、研究生として通ったんです。でも、女房と結婚しなければならないことになって、就職したわけです」

就職先は、音楽関係のスターを輩出していたナベプロ（渡辺プロダクション）の子会社で、コマーシャル・フィルムを制作していた渡辺企画だった。

## 歌手のプロモーション・フィルムを制作

渡辺企画では、コカ・コーラやハウス食品のコマーシャルを作っていた。

コマーシャル全盛の時代で、アルバイトの助手でも一日七千円になった。当時、河村さんは家賃六千円のアパートに住んでいたので、これはすごいと思った。しかし、正式の社員になると月給は二万円ほどで、だまされたような気分になった。

河村さんが入社した当時、渡辺企画ではナベプロ所属のザ・ピーナッツや沢田研二などのプロモーション・フィルムを作っていた。

河村さんが担当したのはアン・ルイスとアグネス・チャンで、彼女たちのデビューに立ち会い、プロモーション・フィルムを撮ったりした。渡辺プロが全盛のころであったので、自分たちのやりたいことができ、仕事はやりやすかった。時間もたっぷりあり、アルバイトをすることもできた。

だが、仕事が順調であったわけではなかった。間もなく河村さんはカメラマンとして、危機に直面する。

「当時、コマーシャル・フィルムの世界では、カメラはチーフのほか、セカンド、サード、フォースまでいました。セカンドはフォーカスを送るのを担当するんですが、ぼくは、フォーカスを送るのが苦手で、悩みました。東宝の大ステージで小柳ルミ子のヤクルト・ジョアのコマーシャルを撮ったとき、チーフが望遠と俯瞰が好きなんですよ。それで、ぼくがピントを送るわけですけど、失敗してしまうんです。そうすると、五十人から七十人もいるスタッフの視線がぼくにくる。もう、いたたまれない気になって、ほんとに嫌になってしまった。もうやめようかと思ったとき、兼松カメラマンに出会うんです。松竹のカメラマンだった人ですけど、映画に見切りをつけてコマーシャルの世界に入ってきた人です。その兼松さんがなぜか、ぼくに目をつけて、チーフに抜擢してくれたんです。

チーフというと、メーターを測ったり、照明との打ち合わせとか全体の状況を見て、制作や演出部との調整などをやる、つまり政治的な仕事なんです。ぼくは、そのとき、助かったなと思いましたね」

結局、河村さんはチーフを七年ほどやり、その間、いろいろなことを学んだ。そのひとつにスタッフ間の調整がある。カメラマンは撮影に集中するため、それを支えるチーフが、照明など他の部門と喧嘩をしたりする、つまり調整能力や政治力を発揮する必要があった。

「映画もそうですけど、照明や音声など部門がいろいろありますから、そういうところと調整ができないと、うまく仕事が進まない。俗に総合芸術などといわれてましたけど、それはつまり、ほかとの調整や妥協でもあるんです。ぼくは調整能力を買われたわけです。でも、コマーシャルでは、自己実現ができなくて、だんだん欲求不満になってきたんです」

そのため、河村さんは希望して、コンサートやプロモーション・フィルムのほうに移っていった。

日本ではプロモーション・フィルムはまだ初期の段階で、河村さんたちは、どのように作ったらいいのか試行錯誤をつづけていた。一番参考になったのは、イギリスのプロモーション・フィルムで、それを取り寄せ、手本にして、見よう見まねで作ったという。

印象に残っている仕事のひとつに、武道館で行われたキャンディーズのファイナル・コンサートがある。

「あのときは、十三台のカメラを使って撮影しました。つまりマルチカメラです。撮影監督をぼくがやったんですけど、当時は、シンクロといっていて、今のタイムコードですけど、クリスタル・モーターとかパイロット信号とかを合わせる技術がなかったんで、大変でした。石原久美子という編集マンがいなかったら、できなかったと思います。音楽に合わせて、このフィルムはどこで回っているか、目で見て調べるわけですよ。何台かのカメラが、どこで回っているか調べて、リズム編集をしていく。彼女がいたんで成立したんですけど、ライブをマルチカメラで撮ったのは、たぶん、日本でぼくが初めてじゃないかと思います」

ライブのコンサートやプロモーション・フィルムの制作を通じて、河村さんは、映像と音楽のつながりということを学んだ。それが『世界の車窓から』の仕事につながっていく。

「あの番組は、まさに映像と音楽が組み合わさったものです。同じカメラマンでも、われわれの仕事は、例えばテレビドラマのカメラマンとは、まったくちがいます。テレビドラマでは、カメラマンは、ディレクターや監督の指示通りに動くわけですけど、映画でもそうですが、われわれの仕事では、監督は大きな筋立てを決めるだけで、映像の展開を決めるのは、カメラマンなんです」

一口にカメラマンといっても、職種により微妙なちがいがある。

河村さんによれば、フィルムのカメラマンにとって大切なのは、外側の価値観ではなく、内側にある価値観にどう目覚めるかということだという。内側の価値観にこだわるというのは、日大闘争の理念でもあった。

言葉を変えれば、アイデンティティということで、河村さんは、単なる生活費稼ぎの仕事ではなく、仕事を通じて自己のアイデンティティを求めていきたいと思った。だが、コマーシャルやプロモーション・フィルムでは、なかなか満たされない。

なんとなく欲求不満を覚えていたとき、ビデオという新しい装置が目の前に現れたのだった。

## ビデオとの出会い

「結局、ぼくがそれまでやってきたことは、映像のリアリティより、音のリアリズムのほうが強かったんですね。それがずっとひっかかってきたんですよ。そんなとき、東洋現像（現イマジカ）で、VTRの講習会があったんです」

会社の社員教育の一環として、河村さんはその講習会に参加した。それが、河村さんの大きな転機になった。

ビデオに直接触れるのは、それが初めてだった。フィルムに慣れた人のなかには戸惑う人もあったが、河村さんには新鮮そのもので、目を輝かせて講師たちの話をきいた。

講習では、参加者が三十秒ほどの短いコマーシャルを作ることになった。そこで河村さんは、フィルムと同じ手法で作ってみようと提案した。実際にビデオに触れてみて、河村さんは目から鱗が落ちるような気分になった。

「例えば、フラッシュ・カットを七人分やるんです。フィルムの場合だと、何時何分の顔でとまっている。ところが、ビデオで同じことをやると、何時何分から何時何分の顔ということになる。要するに動いてるんですよ。これは新鮮な驚きでしたね。

講習会の講師にテレビマン・ユニオンの佐藤さんという名カメラマンがきてたんですが、佐藤さんがいっていたことは、テレビ映像というのは時間を止めることができないということ。テレビは、ワン・フィールド、ツーフレームになってるんです。で、全部、上から下まで、疎密になって絵があらわれてくる。そこでワンフレームが成立するんです。つまり、常に動いてるんです。ストップモーションでも、時間が動いている。物理的にそうなるんです。そこがフィルムと決定的にちがうところです。佐藤さんのほかに、ドキュメンタリー・ジャパンの山崎カメラマンとも出会って、当時、あのひとたちが撮っていたネジ式映画という面白い映画を手伝ったりするうち、テレビ映像に魅せられていったんです」

それが縁で、河村さんはビデオ映像の世界に入っていく。

最初に撮った番組は『レディス・アイ』という二分ほどの短い番組で、音楽をききながら映像を撮っていくことを、河村さんは試みた。

「ぼくはフィルムでも、アン・ルイスの『わたしはアン』という短いポエムみたいな番組を撮ってたんです。関西系のテレビで流れてたもので、そんなこともあって、テレビの世界に入っていくのに、ぜんぜん抵抗がなかったですね」

フィルムより、これからはビデオだと思った。

音の時間と映像の時間が一緒であったことが、河村さんにとっては新鮮だった。そのため、河村さんはフィルムと縁を切ろうと、フィルムの助手などのスタッフを解散してしまった。こうと思いこむと、突っ走ってしまうところがあるのだった。

「フィルムだと、自分がファインダーをのぞいて見る感じと、現像されてあがってくる感じに、ちがいがあるんですよ。その点、ビデオでは、その落差がない」

それまでビデオ・カメラは二インチのテープが使われていて、重量感があるので、ロケや生中継なども大事《おおごと》だった。ところが、このころから、軽くて持ち運びが簡単なENG（エレクトリック・ニュース・ギャザリング）が出てきて、とくにニュース取材などに画期的な変化をもたらすようになる。

それまでテレビはスタジオ収録が主流で、ロケやニュース取材はフィルムであったが、小型ビデオの出現で、ロケが容易になった。現在、隆盛の旅や温泉、グルメ番組なども、視聴者の好みというより、小型ビデオの出現と密接に関係している。視聴者が温泉やグルメを求めたというより、繰り返し放送される番組によって、視聴者の嗜好が刺激され開発されたといってもいいのではないか。

その後、河村さんは札幌の冬季オリンピックの映画（篠田正浩監督）に、高速度カメラの班長として参加した。以後、フィルムを捨て、ビデオ・カメラマンとしてテレビの世界に入っていく。

同じころ、レーザー・ディスクが出現し、パイオニアから河村さんのところにも発注がきた。

「ドキュメンタリー・ジャパンの川崎さんと一緒に、実験的なことをやってみようとしたんです。音楽をシナリオと考えて、作品を作ろうとしたんです。音楽を選曲して、そのイメージにそって映像を撮っていく手法です。映像と音楽のオリジナル作品で、ぼくらはいけると思ったんです」

しかし、この「実験」はやはり時期尚早で、作品は採用に至らず、河村さんは大学闘争につづいて再び「挫折」してしまう。

## 隠遁生活をへて『世界の車窓から』スタート

挫折後の生活は、河村さんの心境としては「仙人」になった気分であったという。

「家にこもって、社会と遮断してしまうんですよ。フリーになったとき、退職金を二、三百万もらっていたので、それで食べてたんですが、毎日朝六時ごろから午後三時ごろまで、本を読んで暮らしてました。その間、ユングとかシュタイナーとか、ずいぶん読みましたね。深層心理や神秘学にかかわる本です。そうして、家にとじこもって仙人になってしまったため、河村はどうしてしまったのかって、いわれましたよ。ちょうど冬にむかう時期で、枯れていく木の葉などを見て、死んだふりをしていたんです」

すでに三人の子供がいて、夫人も銀行をやめていた。

ただ、奥さんは、そんな夫に対して、なんにも文句をいわなかった。それを河村さんは感謝している。

「とにかく、ラーメンなんかをすすって、暮らしてましたよ。春になって、お金が底をついてきたんです。その前に子供が車にはねられたんです。七メートルもとばされたのに無傷だった。でも、慰謝料として三十万もらいましてね。四月は、そのお金で暮らしました」

春になって木々が芽吹くにつれ、河村さんは人に会いたくなった。そのとき、自分のなかで変化が起きていることに気づいたという。

「それで、今まで興味のなかったもの、くだらないと思っていた仕事を、始めるんです。あんまり音楽とか映像にこだわらずに、パソコン・サンディとかスタジオものとかを、やるようになるんです。みんなは、えーっ、河村がそんなことをやるのといってましたけど、ぼくは違和感がなかったですね。誰にでもできる世界に飛び込んでいくことで、自分が開放されると思った。そのとき感じたのは、時代はポップになるということですね。すべてが、わかりやすい方向にいくと確信したんです」

一九八〇年代の半ばだった。

ほどなく『世界の車窓から』のプロデューサーから声がかかり、河村さんのライフ・ワークともいうべき仕事がスタートした。

基本コンセプトは、音楽と映像を加味した普通の人に出会う旅——というものだった。スタッフは、ディレクターとカメラマン、それにビデオエンジニアの三人だけなので、旅人の感覚で、比較的、身軽に動きまわれる。それに現地スタッフとして、コーディネイターと車の運転手が加わる。機材の重量が二〇〇キロほどあるので、車で移動し、ここという駅で列車に乗りこみ、普通の旅行客や風景を撮影していくのである。

ヘリコプターによる空撮を、かならず使う。空間ということを意識させるうえで、ヘリからのショットは不可欠である。

「空間はインサイドとアウトサイドから、成立するわけです。走る列車のなかはインサイドであり、ヘリからのショットはアウトサイド、つまり非常に雄大な大地とか、大きな客観的な対象をとらえるんですね。内と外の両方を見せることで、立体的な描写ができます。だから、ヘリショットは必要なんです」

世界中の列車に乗って撮影して感じることは、ここ何年かで、世界の列車事情が急速に変わりつつあることだという。

全体に列車はきれいになり、スピードもアップされた。昔どおりゆっくり走っているのは、南米とかインドなど、限られた国や地域でしかない。そのため、列車の外に身を乗り出して撮影する機会も減ってしまい、それが河村さんには、ちょっと寂しい。

長く海外の列車にかかわって感じることは…。

「列車には時間があるってことでしょうね。時間に左右されることです。それが他の番組とちがう。人生と同じように、そこにとどまることができないということ。いずれ、どこかで別れなきゃならない。常に、出会いと別れを繰り返していかなきゃならない。すると、かえって、瞬間の出会いが大事になってくるんですよ」

走る列車の屋根にのぼって撮影することもあるが、怪我は一度もない。

ただ、体力は使う。カメラは十二キロほどの重さがあり、それをかつぐので、筋を傷めてしまう。特に頸椎《けいつい》を傷めることが多い。

やはり「職人」、つまり「プロ」なのだろう。カメラを持つと、河村さんは人が変わってしまうという。

「カメラが目になってしまうんですね。それと、ぼくはウォークマンで音楽をききながら撮ります。いやがるディレクターもいますけど、これには理由があるんです。どんな状況になっても、ある一定のリズムを保とうという気持ちが生まれるんです、リズムを耳にしていると」

## 将来は日の出の番組を毎日流したい

河村さんが手がけた番組は『世界の車窓から』だけではない。『素敵にドキュメント』などにも参加した。全体に医療に関する番組が多いようだ。

カメラマンの特質として、河村さんが強調したいのは、フレーム、枠である。

「例えば、風景のなかに身をおいてしまうと、かえって風景の特徴がわからないものなんですよ。ところが、同じ風景でも枠に切り取ると、いろいろ見えてくるものがあるんです。枠っていうのは重要です、それは切り取るということですから」

切り取るという作業には、その人の能動的な意思が入るため、対象が意味をもって立ち現れてくるのだろう。文章でも、同じことがいえる。対象の切り取り方、別の言葉でいえば文体に、その人の思想なり趣味やセンスがおのずと現れてしまう。同じように映像にも、撮り手の「文体」というべきものがあるのだと、河村さんは考えている。「映像の哲学」といってもいい。

ところで、長く同じ番組をつづけていると、マンネリになることはないのだろうか。

「その点、ぼくは、とにかく、普通の人間や風景に出会うことが楽しいので、飽きることはまったくないですね」

と河村さんはいう。

将来の夢として、河村さんは、自分の番組をもつことを考えている。

「日本の日の出というので、千葉県の銚子にカメラをすえて、毎日、日の出を撮影するんです。日本で最初にあがる日の出は、銚子なんです。だから『今日の日の出』ということで光ケーブルを引いて、番組として流すんです。それと、将来は、ヨーロッパに住みたいですね。住むとしたら、ポルトガルかイタリアです」

外国取材を終えて日本に帰ってきて、河村さんがいつも感じることは、面倒くさい国であることだ。

「圧迫感が強いんです。ぼくは外国に行くと、体の調子がよくなるんです。日本は、やはり住みにくいですよ」

河村さんのような、思想や哲学をもっている優秀な「職人」こそ、日本にとどまって、この国の行く末を、カメラにおさめていてもらいたいものだ。

# 12

小道具

## ＮＨＫドラマで小道具一筋

山本泰治

明治になると、写真などが残っているんで、嘘がつけないんですよ。江戸時代って、あまり物がないですから、飾りこみも案外楽なんです。長屋なんて、ほんと何もないですからね。ところが、現代に近づくと、物は増えてくるし、第一、お年寄りなんかが、記憶していることがたくさんありますから、ごまかしがきかない。

## 時代劇の小道具一筋

山本さんは、NHK大河ドラマの第一回作品『花の生涯』から、四十年以上にわたって主に時代劇の小道具担当としてドラマ制作にかかわってきて、今も現場での仕事をつづけている。

いただいた名刺には「NHKアート・美術制作本部・番組三部・チーフディレクター」とあった。NHKのスタジオ仕事の合間に話をうかがったこともあって、紺足袋に草履をはき、頭は五分刈り。能弁ではなく、むしろ訥々《とつとつ》として寡黙。職人肌の人間には、大きく分けて二通りあって、ひとつは頑固で依怙地、能弁でしかも説教好き。もうひとつは、仕事に対して確固とした誇りをもち寡黙。

山本さんは、もちろん、後者である。

近頃は、テレビの料理番組の影響からか、ききもしないのに客に得々と料理の蘊蓄《うんちく》をかたむける「料理人」などが多く、辟易させられることが多いが、山本さんは、その対極にある人のようだ。無欲恬淡《てんたん》、飾らず、奢らず、仕事をきちっとこなす。数十年前、町にはよくこのタイプの職人がいた。

テレビ放送が始まって間もないころから、山本さんはドラマ作りを小道具という現場で見てきた。その間、放送機器の進歩は著しく、制作現場の雰囲気もずいぶん変わったが、

「小道具や大道具といった美術に関しては、当時も今も、基本的には変わらないですね。そういう

意味では、美術は一番遅れているのかもしれません」

と山本さんは、あくまで謙虚に語る。

モノクロからカラー放送になったときが、第一の大きな変化だとすれば、第二の変化はデジタル化、多チャンネル化である。パソコンの急速な普及で、インターネット・テレビなども身近なものになりつつある。プレイステーション2など、画期的なデジタル映像機器の出現も、いずれテレビ放送のあり方を変えていくにちがいない。一方、ドラマ作りの現場では、ハイビジョンの導入も、作り方に変化をもたらしそうだ。

小道具と一口にいっても、実に種類が多く、多岐にわたっている。業界用語でいえば、大きくわけて「出道具」と「持ち道具」がある。出道具は、家具や襖、置物、美術品、敷物、台所用具など種々雑多な生活用具一般であり、持ち道具は、装身具や履物、武具など人が身につけるものである。そのほか、飲食類など消えてしまうものを「消えもの」といっている。

ドラマの性格や時代背景などを考慮し、いかにもそれらしい小道具を、演出者や出演者の希望にそって、ごく自然にセットにおさまるよう配置していく仕事である。当然、人物のキャラクターや状況設定によって、小道具は、微妙に変化をする。

よくテレビ評などで「ていねいな作り」といった表現に出会うが、役者の演技もさることながら、小道具に対する配慮が「ていねい」であることを意味している場合が多い。

ただ、小道具には、筆一本、紙一枚にも、お金がかかる。

「限られた予算のなかで、どうやって、演出意図にそった道具をそろえられるか、苦労するところです」

と山本さんはいう。具体的な小道具係の作業の手順は…。

「まず、制作側から、こういう作品を作るという話がくると、スタッフを組むわけです。NHKのドラマの場合、ひとつの作品でだいたい小道具の人数は五人です。台本ができ、セット・デザインやキャスティングが決まると、発注があります。演出家からの要望が示されるんです。それにもとづき、美術デザイナーとセットの打ち合わせがある。デザイナーのイメージに合わせますが、われわれも本を読んで、こういうものがある、その場面ではこっちのほうがいいと意見を出したりしながら、図面上に合わせて家具や装飾品などを決めていく。持ち道具の場合は、役者さんの希望をきいて、衣装に合わせます」

山本さんが勤務するNHKアートに小道具類があるわけではない。たいていは、小道具類を専門にあつかっている道具屋さんから借りる。

高津装飾と藤波小道具店。この二つが、小道具の老舗であり、ほとんどの時代劇は、どちらかの世話になっている。高津は、もともと時代劇映画が全盛のころ、京都で高津兄弟がはじめたもので、高津商会といっていた。弟が別れて東京に設立したのが高津装飾である。

日本映画の発展に歩調を合わせて成長してきた会社で、『忠治旅日記』の伊藤大輔をはじめ『雨月物語』の溝口健二、『東京物語』の小津安二郎など、日本映画を代表するそうそうたる監督が、高津の世話になった。

映画の手法をひきついだテレビも、これらの小道具会社の協力を必要とし、その後、撮影機材の変化はあっても、小道具類については、一貫して協力関係がつづいている。

他にも専門的な小道具をあつかう会社はあるが、時代劇の小道具を大量にそろえているところは、この二社が双璧である。

## 小道具であつかうもの

「小道具の範囲は、これがなかなかむずかしいんです。テレビは映画と演劇関係者の両方がまじりあって出発してます。そのため、小道具か大道具か、見方がわかれるんです。例えばテレビでは、絨毯は小道具ですけど、パンチって床に敷く敷物がありますね、あれは大道具。靴下は衣裳さんで、靴は小道具、草鞋《わらじ》や下駄も小道具です。手拭いとなると、これがまた微妙で、一般的には小道具に入りますが、昔は小ぎれというのがあって、役者が使う場合は衣裳さんのあつかいになります」

大道具が家や庭、道などの場を設定し、舞台を作る、つまり器を作っていくのに対し、小道具は文字通り器のなかにいれる小さな道具類をあつかう、と大別していいかもしれない。

「襖は大道具、掛け軸は小道具です。庭木は大道具、生け花は小道具です。犬や猫などの動物は、小道具が発注する。馬のような大きな動物も小道具です」

誰が決めたわけでもないが、伝統的にそうなっているのである。役割分担は厳然としており、例えば衣裳が小道具のことで口出しすることはない。

具体的な手順としては、デザイナーがプランを作り、それにそって小道具を考えていく。背景としての小道具と、芝居のうえで重要な役割を果たす小道具があり、後者の場合は演出家の意図を十分にくんで、小道具屋に発注していく。自分たちで、細工をしたり、作ったりすることもある。

スタジオでもロケの場合でも、小道具の役割は基本的に同じである。

「今は比較的、予算と時間の制約が多くなってますから、昔に比べると大変です。スタジオ収録の場合だと、朝の五時ごろから飾りこみを始めます。ですから、前の日から泊まり込みです」

山本さん自身、何日も家に帰らず、NHKの建物のなかで生活することがしばしばあるようだ。ロケで、誰かの家を借りて収録をする場合も、演出意図にそって飾りこみをする。

「ちょっとした小道具にも、全部お金がかるし、運送の費用もあるので、いつも予算を頭にいれながらの仕事です。スタジオ収録より、ロケのほうが費用は安くつくんですが、収録できる量は、スタジオのほうがずっと多い。大河ドラマの場合ですと、スタジオ収録一日で、オーケー・カットが二十分から三十分。それがロケになると、一日でせいぜい十分ぐらいです。スタジオとロケと、どっちが安くつくか、わからないですね」

現場には、「盗む」とか「八百屋にする」とか「笑う」とか、この世界独特の隠語がとびかう。盗むは、場所などをはしょる意味で、八百屋とは、ものを傾けて置くこと、笑うとは、取り去るという意味である。前述したように、食べ物をあつかうのは、消えもの係といい、出し入れは小道具がやる。

「食べ物を自分たちで作るのは、せっぱ詰まったときですね。衛生上の問題がありますから、外からとるのがほとんどです。フランス料理のシーンなど、フランス料理店からもってきてもらい、こちらで温めて出します。昔は、例えば、刺し身のかわりに大根に赤チンを塗ったのを出したりしましたが、最近は本物を使います。ワインは、昔は紅茶なんか使いましたが、今はラズベリー・ジュースです。ビールは、ノンアルコールがあるので楽ですね。昔はお茶やガラナ・ジュースを使ったりしてました」

## 花柳章太郎の言葉

山本さんは、昭和十三年、横須賀で生まれた。高校は浅草の叔母の家から通ったということで、浅草に代表される下町に馴染みがあり、ドラマでも、下町を舞台にしたものになると、力が入るという。

ＮＨＫとのかかわりは、高校に通学のかたわら、夜、ＮＨＫでアルバイトをしたことだった。

当時、NHKは日比谷公園の近く、内幸町にあった。そこで山本少年は、受付やエレベーター係などをやり、高校を卒業後、そのままNHKに入った。

昭和二九年のことで、美術部・装置課の大道具と小道具をあつかう部署に配属された。

「当時三十人ぐらいの部員がいました。最初は大道具で、小道具に移ったのが昭和三六年ぐらいです。ちょうどNHKの美術センターができた年です。合理化の一環で、NHK本体から切り離されて、外郭団体になったんです。以後、ずっと小道具一筋できています。美術センターは、やがてNHKアートと名前を変えました」

テレビの本放送が始まったのは昭和二八年である。

ドラマ作りといっても、まだ方法が確立しておらず、すべてが手さぐりだった。

「生放送が主流でしたけど、キネコというのもありました。これは、いったんフィルムにとって、編集して出すんです。わたしがかかわった作品に『わたしだけが知っている』があります。推理ドラマで、徳川夢声さんとか藤浦洸さんなどが、ドラマを見ながら犯人あてをしていく。セットの数は四杯か五杯ぐらいでしたね。オール生で撮り直しがきかないんで、失敗もずいぶんありましたよ。回答者の『あれは筋には関係なく、たぶん失敗したんじゃないですか』なんてコメントまで入って。水道の蛇口がふっとんでしまったんで、役者さんが全員、セットの外にはけてしまって、セットがからっぽになったこともあります。死んでいる人間が、目に埃が入って痛いので一所懸命かいてるところが写ってたりして。とにかく失敗も多かったけど、面白かったですね」

スタジオの数も少なく、使い回さなければならないので、本番が終わるとセットをすぐ壊し、翌日のセットをたてたりした。午前中にスタジオの建て込みをやり、午後から稽古、夜に本番というのが、普通だった。

小道具の係となって、こんなことが印象に残っている。

「新派の花柳章太郎さんにはじめて小道具を手渡したとき、やり直しといわれたんです。花柳さんは、道具を役者に手渡す場合は、それを役者が受け取った時点で、役者はその役になる。すでに、その瞬間から芝居の一環だ、つまり芝居が始まっているんだ、とおっしゃるわけです。だから、演じる側にたって渡しなさい。後ろも前もなくハイと渡すんじゃなくて、例えば、手桶だったら、杓をこう持ったら、そのまま芝居ができるように渡しなさいと。役者が持ち直すようでは駄目だって。そのへんを心得ながら、小道具をあつかいなさいって。セットに飾る場合でも、テーブルに硯と紙を置くとき、そこに役者が座ったら、そのまま書けるように置きなさいって。あの言葉は今でも心に残っています」

四十数年もの間に、山本さんがかかわったドラマは数えきれないが、なかでも印象に残っているドラマとして、文士劇をあげる。

「年に一度、放送されてたんですよ。劇場中継ではなく、セットを組んでやるんです。北条秀司さんなんかが中心になって。暮れに『湯島の白梅』なんかやるんですが、お酒を呑みながら、けっこう楽しそうにやってましたね。小道具としても張り切って、普段は使えないような珍しいものを出したりしました。ただ、あの人たちは物知りなんで、たちまち使いこなすんです。いい勉強になりました」

## 小道具のむずかしさ

小道具係となったころは、現代物が中心だった。まだ時代劇ドラマは少なく、ようやく、何本かの時代劇ドラマをへて、現代NHKの看板番組の一つとなっている大河ドラマが生まれた。昭和三八年(一九六三)のことだった。第一回は『花の生涯』で、山本さんはこの番組から小道具係としてかかわり、以後、『春日局』や『翔ぶがごとく』『武田信玄』など、多くの作品とつきあってきている。

現在は、金曜時代劇にかかわるなど、長く積み重ねた経験を生かせるので、やはり時代劇の小道具の仕事が多いようだ。

小道具でむずかしいのは、鎌倉とか江戸とか時代の古いものではなく、明治から戦後の昭和三十年ぐらいまでだという。その理由として、

「明治になると、写真などが残っているんで、嘘がつけないんですよ。江戸時代って、あまり物がないですから、飾りこみも案外楽なんです。長屋なんて、ほんと何もないですからね。ところが、現代に近づくと、物は増えてくるし、第一、お年寄りなんかが、記憶していることがたくさんあ

りますから、ごまかしがきかない。それに、昭和三十年代ぐらいまでは、地方色がまだあった時代なんです。ある品物が、東京にはなかったけど、九州にはあったとか。ものが普及するテンポも、ずっと遅かったし、時間のズレがあったんです。その時期、パリコレクションが日本に最初に入ってくるのは横浜の元町だった。それも一年遅れぐらいで。翌年、銀座あたりに入ってきて、盛岡なんかになると、さらに一年か二年後になる。小道具で、そういう地域差を表現するのも、時代の描き方だと思うんです。われわれ小道具としては、そういうこともわかって脚本を書いてほしいですね。ところが、三、四十年前のことを書いても、どうも、今の感覚で書いてるものが多い。地方と都会の差がはっきりあるからこそ、その時代なのに。人物を表現するのは、べつに台詞だけじゃないと思うんです。住居でも着るものでも、持ち物からでも、その人間が表現できると思う。洋服着て下駄はいてる人間が出てきたら、それだけで、ものすごくいろんなことを表現できているんです。これは演出家の問題でもあると思いますが」

NHKの放送ということで、投書なども当然多くなる。なかには、小道具の間違いを指摘する投書もあるが、投書者自身の間違いや勘違いも多々あるという。

小道具ではないが、例えば軍服。

「日本軍の軍服というのは、何度も変わってるんです。資料として、何年に制定されて何年までつづいたとあっても、実際に軍服が行き渡るまでけっこう時間がかかる。ですから、前のをそのまま使っている場合もある。それに、外地と内地では、時間差があるし、むずかしいですね。森鴎外は日露戦争に出征するときは、明治の初期に制定された肋骨風のデザインの軍服を着ていくんですが、帰ってくるときは、襟のついたカーキ色の軍服なんです。そういうこともきちんと踏まえて、美術スタッフは準備している。資料にこう書かれているからといって、現実はそう決められない部分がある。そこがむずかしい」

なるほど、時代劇ともなると、やはり長年の経験がものをいうことが、よくわかる。

小道具としてやり甲斐があるのは、やはり大河ドラマだという。一年間を通しての仕事だし、小道具の量も種類も、他とは比較にならないくらい豊富だ。しかも、実に多くの知識を得ることができる。

合戦シーンのロケともなると、トラックの運転手や、植木屋、大道具、小道具、美術進行などを含めると、美術スタッフだけで総勢四、五十人になる。大変なことは大変だが、小道具としての働きどころも随所にある。

長い小道具生活のなかで、山本さんの創意が生かされたものに、「馬の腹帯」がある。

「『武田信玄』のときですけど、昔は、和鞍の場合、乗る人は馬にまたがってから上で腹帯を締める。それが和鞍の乗り方なんです。ただ、これだと時間がかかる。下で馬にまたがらないで、鞍を装着できないかと、いろいろ試行錯誤した結果、南京締め、これはトラックなんかで荷物にロープをかける場合、ひとつ輪をくぐらせる締め方ですけど、これを応用して、下で締める方法を考えたんです。映画の『天と地と』も手がけたんですけど、アメリカロケのときなんか、応用できましたね。あのときは和鞍も、アメリカで作ってたんで、ウエスタンのやり方です。それだと下で締めておいて、あとは役者が上に乗るだけでいい。時間も節約できるし、締めたり緩めたりできて簡単なんです」

## 気になる言葉の乱れ

長年、小道具の仕事をやっていると、役者とのつきあいでも、例えば勘三郎など、親・子・孫の三代にわたっておつきあいをすることになり、信頼されることになる。それもやり甲斐のひとつだが、一方で時代の変遷というものを否応なく感じさせられることもある。

「テレビって功と罪があると思うんですが、罪のほうをいえば、テレビによって、日本人の感性というか、日本人らしさが失われてしまったんじゃないか、それを強く感じますね。立ち回りにしても、昔は、血はなるべく見せないようにしてたんですけど、今のドラマは、血をあざとく見せて、エスカレートしている。子供や少年なんかが、そういうものを見慣れてしまうと、感覚が麻痺して、ブレーキがきかなくなってしまうんじゃないか、心配です。それと、テレビはとにかく、いたれりつくせりで、視聴者が自分でものごとを考えなくてもすむようにしてしまっている。自分自身で考えれば、いろんな解釈が成り立つと思うんですけど、なんだか考える力を奪っているような気もします」

それと、やはり気になるのは、言葉の乱れとステレオタイプ化だという。

「環境によっても、育ち方によっても、もっと言葉がちがってしかるべきで、そこのちがいを描くのもドラマだと思うんですけど、みんな似たような言葉づかいになってきてますね。視聴者にわかりやすいように、わかりやすいようにしてきた結果なんでしょうけど。長屋の住人も、お屋敷の人も、みんな同じような言葉を使っている。もう少し言葉づかいに注意してほしいですね。脚本家も演出家も役者も若くなって、日本語を知らない人が増えている結果だと思います。

そのため、本質的な日本語の言葉の意味がないがしろにされているような気がしてならないんですよ。NHKには国際局があって、日本語のわかる外国人がいろいろきてますが、あの人たちのほうが、よっぽど正確できれいな日本語を使っています。ああいう人たちに、日本語を教わったらいい、といいたいこともあります。そういう意味では、すごく悲しくなりますね。テレビの影響力は、初めのころより、ものすごく大きくなっているのに、出すほうの自覚が少なすぎるんです。タイトルに名前を出すということが、なにを意味するか、よく理解されてないんじゃないか、それだけ、すごい責任が伴うんだということが、忘れられている。責任のあり方というものを自覚したら、また、ちがったテレビの形ができるんじゃないかと思います」

こんなことをいうと、古いとかボケてるなんていわれることもありますが、と断ったうえで、山本さんは、時間の経過とともに、寡黙の殻を破るように、ちょっぴりテレビに批判的な言葉を語った。

山本さんに限らず、古いスタッフやテレビのOB、年配の役者たちが、しばしば口にすることである。

いずれにしても、小道具という一点からだけでも、時代の変遷と同時に、社会や文化の危うさを感じとれる。このままだと、テレビだけでなく、日本そのものがちょっと危ない。山本さんは言外に、そう語っているようであった。

# 13

## 効果

# リアルな音を求めつづけて

橋本正二

テレビって、さあ、見るぞ、と構えて見るわけじゃないから、音の比重がわりと高いんですよ。台所で料理していて、バンと鳴れば振り向く。子供が遊んでいて、怖い音がすればハッとして見る。『大江戸捜査網』の斎藤光正監督が始めたんですが、何分かに一回は音楽のタッチとか、効果音を強調するとかね。最初は非難ごうごう、そのうちに洗練されて、今では相当高度なテクニックを駆使されますよ。台詞もないのに心情がわかるような。

## ドラマは効果のプロに任せろ

あたりは寝静まっている。草木がなびき、犬の遠吠えが暗闇に響く。どこからかタタタタッと通りを走り抜ける足音がしたか思うと、ビシュッと刀が閃いて、次の瞬間、人が悲鳴とともに倒れる。刺客か辻斬りか、殺人者の顔は見えない……。

時代劇のプロローグである。シーンとしては、ほんの数十秒から一分にすぎないだろう。そのわずかな間に、どれだけの音をわれわれは耳にしていることか。

テレビの視聴者は意識せずして、さまざまな音にイマジネーションをかきたてられ、見えない情景を想像の目で見たり、登場人物の心の動きに同調したり、ドラマをより奥行きの深いものとして捉えることができる。

テレビドラマは、基本的に映像と音である。そして音は、台詞と音楽と効果音から成り立っている。そのうちの効果音を扱うのが効果マン、音作りのプロフェッショナルだ。

「音って簡単にいえば、まず台詞があって、例えば感情的になったとき、恐怖の表現とかアクションが入ったりすると、音楽が欲しくなりますよね。それ以外の音が効果音なんです。最近は撮影時の同時録音が多いですから、現場で録ってきた音も、どの音を残すか、どの音を省くかを選別したり、何時ごろなのか、季節はいつなのか、もっと効果音を加えたほうがいいのか、台詞を利かすドラマにするのか、ある程度、パートパートの演出が必要になってくるんです。同じ音を使っていても、同じということはなく、人によって個性があるわけですよ。何十年かやってみて、ようやく面白さがわかってきたところです」

橋本正二さんは、この仕事に携わって三十数年になる。

現在、主宰する〈効果屋〉のスタジオでは、ゴールデンタイムの二時間ドラマから、昼帯、時代劇、トレンディードラマ、アニメまで、幅広くテレビの効果音を手がけている。メンバーは三人、得意分野はほぼ住み分けができている。

「ぼくがまだ映画で仕事をしていた若いころ、市川崑監督の〈活動屋〉っていう会社があったんですよ。カッコイイ名前だなぁと。よし、ぼくが独立したときは、屋号として〈効果屋〉とつけようって思っていたんです。十年ほど前にようやく実現しました」

効果の仕事は基本的に仕上げだけで、撮影にはつきあわないのが昔からのやり方である。撮影が終わったら編集して、監督、プロデューサーほか、スタッフが集まって、オールラッシュを見る。そのときに、この作品をどうするか、こういう音楽がほしいとか、この台詞にはこういう音を加工したほうがいいんじゃないか、効果音はやめて芝居を生かすとか、監督の指示に従って、それぞれが考えるのである。

「台本は一応読みますけど、その通りに撮れてはきませんから、余計なイメージをもっていかないんです。監督の演出方針をきいて、それにそって音を仕込むわけです」

仕込んだ音をもってスタジオへ行くと、台詞と現場の音を録った録音技師と、選曲のミキサーがいて、台詞、音楽、効果音をまとめて、三人でもう一度、調整するのである。テレビで育った世代には、「効果マン」より「音効さん」のほうがポピュラーかもしれない。音効の場合は文字通り、選曲と効果音をひとりで手がける。音効はいまや花形職業で、ドラマなどは撮影にもついて行くし、仕事の範囲もやり方も変わってきた。

確かに経費節減という面を考えれば、二人より一人のほうが安上がりではある。

しかし、二時間ドラマを撮る監督たちには、まだまだ昔気質が残っているのか、「そんなもの、ひとりでできるわけないじゃないか、効果は効果のプロにやらせろ」と、やはり効果マンを必要とする監督が少なくない。

橋本さんは、その二時間ドラマの効果音を、もっともよく手がける効果マンの一人だ。日本テレビの『火曜サスペンス劇場』、テレビ朝日の『土曜ワイド劇場』、TBSの『月曜ドラマスペシャル』、フジテレビの『金曜エンターテインメント』など、いずれも監督から直接、お呼びがかかることも多い。

## ミュージシャンから効果マンへ

ある年齢以上のテレビの裏方たちは、ほとんどが映画出身である。その例にもれず、橋本さんもスタートは映画の効果マンだった。

橋本さんは昭和十五年（一九四〇）、東京・中野に生まれた。

中学のころから新宿や池袋のジャズ喫茶に通って、ウェスタンやジャズの洗礼を受けた。昭和三十年代、ジャズ全盛のころである。高校時代にはドラムをたたき、モダンジャズにのめり込んでいった。あのころはジャズしかなかった。

「粋がってマイルス・デイビスやフィリー・ジョー・ジョーンズの真似ばかりしていたな」

と、橋本さんは当時を懐かしむ。

高校卒業後、エディ岩田という有名なドラマーの弟子になり、バンドボーイ兼補充メンバーとしてバンドに加わり、横浜、銀座、新宿のナイトクラブやキャバレーで演奏するようになる。そのころ、『バナナボート』で爆発的にヒットした浜村美智子の伴奏で全国を回ったこともあったそうだ。懐かしい人には懐かしい名前にちがいない。

音という共通点はあるものの、ミュージシャンと効果マンではずいぶんちがう。表舞台に立つ職業と裏方である。転身のきっかけは何だったのだろう。

「二三歳のときに結婚して、ミュージシャンじゃ食べていけなくなりまして。何か仕事はないかと探していたら、日活撮影所でアルバイトしないかと。入ったところがたまたま効果部でした。アルバイトのつもりが、三か月たったら自動的に社員になっちゃって、そのまま、ここまできてしまったという感じです」

日活に入ったのが昭和三九年（一九六四）、世のなかも日本映画も、まだまだ活気があったころである。

「杉崎さんという先輩がいるんです。日活は映画会社としては新しいから、大映から引き抜かれてきた方ですが、その方が日活の効果部を作ったんです。もう、引退されましたけど。当時は結構忙しくて、効果の人間だけで十五人くらいいましたね。たいてい助手二人を入れて三人のチームを組む。足りないときは応援がついて四人のこともありました」

日活撮影所には四、五年いたが、助手では相変わらず生活は苦しい。どうしようかと悩んでいたとき、三船プロと石原プロで『黒部の太陽』を撮るので、現場で音を録る人間を探していた。

「では、ぼくが！」と日活を辞めて、後先顧みずに契約した。三十歳のころである。

仕上げは日活の効果部がやるのだが、特殊な映画だから現場の音が必要なのである。石原プロからもらったフリーパスを頼りに、観光では入れない場所にも踏み込み、音を求めて黒部中を走り回った。

「山の中の隠れた場所に丸ビルのような発電所があったり、扇沢から富山へ抜ける地下道があったり、不思議な所でしたよ。一週間くらいいましたかね。帰ってから最終的なミキシングがあり、自分が撮ってきた音がこういうふうに使われるのか、効果って面白い仕事だなと、そのとき、はじめて思ったんです」

当然だが、三か月の契約が終わったとたん、仕事がなくなった。ところが、たまたま日活の子会社で、日活芸能というテレビ会社ができた時期と重なった。人が足りないので来ないか、といわれて行くことにした。

テレビとの出会いである。映画とはちがって、若くて経験が少なくても、一人前の効果マンとしてやらざるを得なくなった。責任を持たされることが、プロ意識を目覚めさせるのだろう。テレビに移ってほどなく、橋本さんが手がけた仕事は、『青い山脈』『おばかさん』など、筆者にも印象に残っている作品が多い。

それから、テレビの効果マンとしての歴史が始まるのだが、当初、映画もテレビもやり方に変わりはない、と橋本さんは思っていた。それが十四、五年前から、映画とのちがいを意識するようになり、今では音のバランスもまったく変えているという。

「テレビって、さあ、見るぞ、と構えて見るわけじゃないから、音の比重がわりと高いんですよ。台所で料理していて、バンと鳴れば振り向く。子供が遊んでいて、怖い音がすればハッとして見る。『大江戸捜査網』の斎藤光正監督が始めたんですが、何分かに一回は音楽のタッチとか、効果音を強調するとかね。最初は非難ごうごう、そのうちに洗練されて、今では相当高度なテクニックを駆使されますよ。台詞もないのに心情がわかるような」

## 本当にリアルな音とは何か

効果屋のスタジオには、膨大な音の素材がストックされている。マイクと録音機械を担いで、歩きまわって集めたものだろう。テープのラベルに年月を感じさせるものもある。たいていはここからピックアップして使えるほど、あらゆる音がそろっているように見える。

昔は録音機といえばナグラ（スイス製の録音機械）だったが、今はＤＡＴ（デジタル・オーディオ・テープレコーダー）やＭＤ（ミニ・ディスク）のほうが主流になっている。

「テレビがステレオ放送になったでしょう。その前はモノラルでしたから、ここにある効果音のストックの大半はモノラルで録音しているので、同じ音でも録り直さなければならないんです。ところが、現場の台詞はモノラルで、同時録音でそこに入っている音もモノラルなんです。効果音だけ拡がってもおかしいですしね。いろいろ問題はあるんですよ」

例えば、駅の音はもっともよく使われる効果音だが、アナウンス一つをとっても、どこの駅か、朝か夜か、何時発の列車か、新幹線かブルートレインか、さまざまな要素が絡み合っている。日本全国、すべての駅を網羅することなど不可能だろう。

それだけではない。録ってはいけなかったり、なかなか許可がおりない場所がある。

「まさに駅がそうですよ。許可を取るのが大変で、それがわかっているから、プロデューサーに話を通しておいてくれといいますけど、まず、ＯＫが出ないんです。駅長にきいてからとかいわれてね。だから、実は隠し録りが多いんですよ」

プライベートでも旅行に行くときは必ず、すぐにマイクを出せるような態勢で出かける。とはいっても、ほしい音が簡単に録れるわけではない。すぐ邪魔が入って、雑多な音も拾ってしまう。

純粋にそれだけを録ることは至難の技だという。

「この間も、たまたま女房と旅行をしていたときに、蝉がいい声で鳴いていたんです。あっと思って、録りはじめるでしょう。いいところで、犬が鳴いたり、車が通ったりする。帰ってきて、それを抜いてまとめなくちゃいけないわけです」

長年の効果マンとしての歴史のなかで、橋本さんが遭遇したさまざまなエピソードには、無理難題や苦労話も含まれているだろう。

「珍しいところでは、郡上八幡《ぐじょうはちまん》の水琴窟《すいきんくつ》の音かな。これはストックにはなかった(笑)。それから『白い巨塔』という病院ドラマのとき、患者を呼ぶ看護婦のアナウンスが関西弁じゃないとだめだ、ニュアンスがちがうというんですよ。それだけのために、わざわざ録りに行きました。そういう時間の余裕がある作品はいいんですけどね。最近、音を仕込むのに二、三日ほどしかないことが多くて。特殊な音の場合、録りに行く時間がないんです」

大まかな演出方針はあっても、普通、あまり細かいところまで監督が指示することはない。ほかのパート同様、そこはプロの仕事である。「ここで風の音がほしい」というだけで、あとは効果マンに任せて、どういう音が出てくるか、監督も楽しみにしている。木の葉が触れ合う音か、旗がはためく音か、荒野に吹く木枯らしか、それが効果マンそれぞれの個性でもあるだろう。しかし、イメージがちがったり、気にいらなければ、「そうじゃない、もっと風の音だ!」と怒鳴ることができるのも監督の権限である。

「恩地日出夫監督などは、『いちいち説明するな！』と。例えばパチンコ屋のシーンでは、『あんなうるさい所で、台詞がきこえると思うか』『でも、何をいっているかわからないじゃないですか』『きこえなくていいんだ！』となるわけです。ドキュメンタリーみたいで、全体の流れがあると、それがかえって厚みになったりしますね」

柳行李《やなぎごうり》に小豆を入れて波の音を出したり、お椀で馬の足音を代用したり、塩や片栗粉で雪の上を歩く音を作ったり、いかに本物らしく効果音を作れるかが、腕の見せどころだった時代もあった。これらは擬音といって、ひところは撮影所でもよく使われていたが、もともと舞台からきている。橋本さんがこの世界に入ったころはどうだったのか。

「さすがに小豆まではなかったですけど、片栗粉やお椀の足音はありました。感心するほどうまい人がいましたね。例えば雪の上の足音は、塩をまいてその上を一人がサクサクと歩く、もう一人が布の手袋に入れた片栗粉をギュッギュッと鳴らす、二人が足音を合わせるんです。これがきいてみると、完璧に雪の上を歩いているんですよ。今はほとんど現実の音を使います。なるべくリアルな実音を重ね合わせて、いい音を作るというかね」

もちろん、例外はある。現実の音がどうしても本物らしくきこえない場合は、人工的に作るしかない。代表的なものが時代劇だろう。刀の音なども本来そんな音はしないのだろうが、視聴者もそれはそういうものだと、暗黙の了解で受け入れているところがある。

橋本さんは時代劇もずいぶん手がけている。最近ではフジテレビの『仕掛人・藤枝梅安』、テレビ東京で十年間にわたって放映していた長寿番組『大江戸捜査網』は、シリーズすべてを手がけた。刀の音についても試行錯誤を繰り返したにちがいない。

「昔の『眠狂四郎』なんて入ってませんでしたよ。そのほうがリアリティがあるのに、今や刀の音がなかったら変な感じがするでしょう。なるべく実際の音に近くするために、大きな肉の塊を買ってきてやってはみたんですけど、だめですね。だから、これは人工的に合成しています。例えば、レコードの針を使う。現実にやってみましょうか」

目をつぶってきいていると、ビシュッ、バシュッと、確かに耳になじんだ刀の音がする。レコードの針をずらして引っ掻いた音を録って、回転数を変えると、それらしくなるのである。ほかに畳の縁を剃刀でシュッと鳴らしたり、竹をギーッとこすったり、ひとつひとつはそれほど似ていなくても、組み合わさると妙なリアル感が出てくるから不思議だ。

映像のほうが現実でない場合、例えばアニメーションの効果音の本物らしさは、どう表現しているのだろう。

「同じですよ。ぼくの下についていた人間は、わりと現実音で対応するので、逆に喜ばれている部分があるんです。アニメばかりやってきた人は、シンセサイザーみたいな音が多いじゃないですか。場合によってはいいでしょうけど。アニメでもシリアスなものは、宮崎駿監督の『おもひでぽろぽろ』なんか、シンプルに現実音が入っていて、ドラマを邪魔しなくて素晴らしいなと、非常に感心しましたね」

テレビのアニメ番組だけでなく、本編の『ルパン三世』『アンパンマン』『ブラックジャック』などども、効果屋のメンバーの一人が手がけているという。

## 息子も効果マンになった

効果屋のもう一人のメンバーは、実は橋本さんの息子さんである。農協に勤めていたが、効果マンに転職した。この仕事につきたいと思っても、技術を学ぶ学校はなく、今のところ弟子入りするしか道はないという。だとすれば、目指すには、先生が身近にいる理想的な環境だろう。橋本さんが、「継いでくれ」と特に勧めたわけではない。

「なんとなく悩んでいるみたいだったから、倅に冗談で『やるか』というと、『おやじがいうの、待ってたんだよ』というんですよ（笑）。若い者は機械に強いからいいかなと」

トレンディドラマなどは、主に息子が手がけている。『ハンサムウーマン』というシリーズドラマがあったが、彼が効果を担当した作品だそうだ。

効果屋でも橋本さん以外の二人はマックを使っており、この世界でもコンピュータ化が進んでいる。録音スタジオへ行くと、コンピュータがずらりと並んでいて、昔のように耳の感覚で微妙な調整をしなくてもすむようになった。

「極端な話、センスある人が一人いればできますよ。ボリュームをちょっと下げたければ、機械で簡単に下げられる。ぼくは今でも耳の感覚でやりますけど。例えば爆発音があれば、そのほかを絞るのも昔は手でやっていたのに、機械でぱっとできるわけですから。いまだにアナログにこだわる人もいますけど、アナログの丸みのある音がいいのか、デジタルの便利さを取るのか、さあ、どっちだ！といわれれば、やっぱり便利さなんですよ」

最近のテレビドラマの作り方についても、物申したいことがあるのではないか。

プロデューサーや監督、演出家や脚本家の世代交代だけでなく、視聴者の感覚もちがってきているのではないかという気がする。

「映画でもテレビでも、ドラマは台詞が主体でしたよ。狙いで音だけで心情を表すこともありますけど。それが最近は全編、音の洪水でしょう。今の若い人は、音は音で、絵は絵で分けて楽しんでいるから大丈夫だっていうんですよ。ドラマの内容がわからない、うるさいだけじゃドラマにならないじゃないですか。なんとかもっとドラマティックにと、音を入れることによって絵の拡がりも出てくると、ぼくなんかは思うんですけどね。良いシナリオ、良い演出があるという前提ですが」

まったく何が「大丈夫」なのだろう、テレビは若者だけのものではない。橋本さんのようなドラマ観をもっている人がいなくなれば、早晩、若者以外はドラマを見なくなってしまうのではないか。視聴率を唯一の尺度によって作られるドラマが氾濫し、しみじみとした味わいを伝えてくれる「大人のドラマ」が見られなくなったのは寂しい。

『ゴジラ』の効果音でアカデミー賞をとった佐々木君というのがいるんですが、彼なんかと酒を飲んでよく話すんです。われわれがいなくなったら、効果マンがいなくなる、なんとかしようよと。今、うちは倅がやっているからいいけど、もっとこの仕事を残せるようにしておいたほうがいいんじゃないかなと」

需要もあるし、能力さえあれば、生活が成り立たない仕事ではない。音効を目指してもいいとは思うが、効果マンも育っていってほしい、と橋本さんは思っている。効果マンでも効果ウーマンでもいい、プロの自覚をもった音の職人が増えることには賛成だ。

「考えてみれば、音なんて誰でもわかる。車が通れば、あっ、車だなとわかる。でも簡単だから、逆にむずかしいところがあるんじゃないですか。この間、テレビドラマで鮨屋の話をやってたんですよ。煮物は絶対に出さない。こだわりをもっていて、鮨だけで勝負するおやじでね、『簡単な仕事ってむずかしいやな』なんていうんです。ぼくのことだなと（笑）」

テレビの世界で、音の入れ方のノウハウで俺にかなうやつがいるか――それくらいの自負はある。何かを表現することは、奇を衒《てら》うことでも、大声を張り上げることでもなく、自然に沸き上がってくるものだろう。

橋本さんにとってそれは、テレビドラマというステージで繰り広げる、映像と音の対話にほかならない。しかもそれは、ほんの一瞬で消えてしまう対話なのである。

「テレビって刹那的じゃないですか、映画とちがってね。だから、やっぱりジャズかな」

14

衣　裳

# 鬼平を引き立てる女

上生和代

テレビは、まず監督との打ち合わせがあり、それから役者さんを呼んで衣裳合わせをします。衣裳合わせには、カメラや照明、助監督とかみんな来ます。何枚か、イメージしたものを用意して、それが通るときもあれば、通らないときもある。わたしと役者の意見が合っても、監督があかんといったら、また別のを探します。

## 三十年で一人前

上生《うえお》さんは、池波正太郎原作の時代劇『鬼平犯科帳』の衣裳を一手に引き受けたり、主に時代劇のテレビ、映画、舞台等の衣装にかかわってきた。『鬼平』は七シリーズが放送されたが、上生さんがかかわったのは、三シリーズ目からである。

数ある時代劇のなかで、時代考証がしっかりしており、食事のシーンなどディテールの描写もきちんとしていると評価の高い番組である。衣裳ひとつをとっても、苦労があるのでは…と予想された。

しかし、「ジャンボさん」の愛称で呼ばれている上生さんは、大柄な体をゆらせながら、開口一番、

「鬼平の衣裳に関しては、こっちから自発的に、もうボチボチなんかほしいな、飽きてきたなと思うと、替えるんですよ」といった。

「ただ、用意するものは、もう決まっているし、わたしが特につけ加えるものはないんですわ。わたし、舞台の衣裳をやってたもんで、どうしても派手気味になってしまい、それは舞台の感覚だといわれましたね。鬼平は、他の時代劇にくらべても、ものすごく色を抑えてる。中村吉右衛門さんの鬼平が抑えた色を着るんで、相手役やレギュラー役の人も、それに合わせて渋くて抑えた色になってます。ま、これは、原作のトーンでもあり、ドラマの制作意図でもあるんですわ」

『鬼平』は太秦の松竹京都映画製作所で撮影されており、そのなかにある衣裳部が上生さんの職場である。

侍あり、町人あり、お姫様ありの役者たちに、日々、衣裳を着せたり、脱がせたりする仕事である。衣服について強い興味があって、この仕事についたと思われたが、案に相違して上生さんは、「なんかよくわからずに、たまたまこの仕事に入ってしまったようなもんですわ」という。

昭和二四年、京都に生まれ育ち、短大を出て証券会社に十年ほど勤めたあと、途中入社してきたのである。

「わたし、好奇心と興味がなくなったら、もう、あかんのですわ。大阪の証券会社に勤めていたとき、つまらないから辞めるいうたら、今度、東京に支店を出すというんです。それならって、東京に行ったんですけど、仕事に慣れてくると、やっぱり面白くないんで、辞めようと思っていたんですよ。そんなとき、友達が家に遊びにきて雑談してたら、こんな仕事があるっていうんで、今の会社の面接を受けたんです」

松竹衣裳の大阪店、映像課のことである。

「面接で動機はときかれて、友達がこんな会社があるというんでと正直にいったら、どこが気にいられたのか、通ってしまったんです。証券会社をやめて三か月遊んで入ったんですけど、そのとき、テレビや映画に、興味はなんもなかったんですわ」

三〇歳になったときだった。ちょっと引いた態度をとっていたが、面接者は仕事ができると踏んだのだろう。母親が仕立ての仕事をしていたこともあって、子供のころから、和服そのものには接していた。京都撮影所では、ほとんど時代劇を製作しているので、そんなことも考慮されたのかもしれない。

入って最初に配属されたのは、松竹系の演劇部門だった。

「演劇のほうで、上司に衣裳のこと、全部教えてもらったんですわ。京都の南座から大阪の新歌舞伎座、中座、名古屋の御薗《みその》座、名鉄劇場など、一か月ごとに替わるんです。最初の芝居は『野麦峠』で、大部屋の役者さんの着付けです。着物の名称ぐらいは知ってましたけど、芝居用とはちがうんです。半年ぐらいは、誰からということもなく、みんなに教えてもらいましたね。それから歌舞伎の役者さんに教えてもらったり、とにかく場数を踏むうち、自然に覚えていったんです」

最初に演劇を担当できたのは運がよかった、と上生さんはいう。演劇の場合、一か月間、同じ役者につくので、覚えるのが早いということで、上生さん自身が希望した。

南座なら南座に一か月、毎日通う。公演が終わると、衣裳を松竹衣裳に持ち帰り、洗濯を必要とするものは洗濯をし、道具箱にいれる。

ジャンボと呼ばれるようになったのは、新歌舞伎座に出ていたとき、尾上梅幸であったか尾上松緑であったか忘れたが、「あんた、大きな子やねえ」といわれたのが、きっかけであるという。

映像にくるきっかけは…。

「御薗座に出てたとき、なんかしらんけど、階段から落ちたんですわ。わたし、体のわりに足が小さくて。それで腰を傷めてしまって、それなら映像のほうがいいということで、この撮影所にきたんです。舞台は、衣裳をもって舞台の袖で早ごしらえする。暗転幕がおりる場合は三分時間がありますけど、幕がおりない場合は一分です。そんな短い時間に早がわりさせなきゃいけないんで、無理するんですわ」

映像に移ってすぐに担当したのは、朝日放送の開局三十周年ドラマ『額田王《ぬかたのおおきみ》』だった。

「主役は岩下志麻さんで、わたしが着付けを手伝いました。テレビの場合は、現場の担当者に着替えさせるし、ロケの場合なんか、どんどん着替えさせていくから、主役もなにもないことが多いんです。ところが、舞台の場合は、まず大部屋を早くて半年、普通一年ぐらいやって、次のクラスの役者にいくというように、段階を踏むんです。舞台の役者さんは、衣裳のことよく知ってますから、クレームがついてきたりすると、信用問題ですからね。テレビのほうは、役者さんが割り切っているし、衣裳のことをよく知らない人もいるんで、その点は楽ですけどね」

上生さんはすでに一七年間、衣裳を担当しているが、まだ一人前ではないという。上生さんの目から見て、衣裳係として認められるには、三十年以上やらないとだめだという。

「長い間やってても、際立って成果が出るわけではないんですが、一年一年、身につけていくものがあるんです。それは重いものがありますよ。あとは、信用。それに役者さんとの慣れですね。相手が衣裳についてどういう好みをもっていて、どういう芝居をするか、それを知っていなければならない。それが、わたしらの仕事です。ですから、役者さんから名指しで声がかかるようになって、はじめて一人前ということになる。やっぱり三十年はかかるんですわ」

## 鬼平の着付け

日本の芸能関係の衣裳会社には、松竹衣裳のほか、東宝系の東宝コスチューム（旧京都衣裳）、東映の大泉撮影所を主に担当している東京衣裳などがある。その他、東映の太秦撮影所には、東映自前の衣裳部がある。

いずれも映画関係の衣裳がメインであったが、現在ではテレビをはじめ、ファッション・ショーやイベントなどにも衣裳を貸し出している。

このほか、最近では、女性のスタイリストが衣裳を担当することも多い。ただ、旧来の衣裳の人とは考え方や仕事の進め方がちがうので、一緒に仕事をするときなど対立することがある。スタイリストは衣料会社やブティックなどとタイアップをすることが多く、その点でも、衣裳会社のシステム化された仕事とはちがうのである。

スタイリストの場合は、アクセサリーや靴、バッグをはじめ身のまわりの日用品、それにメイクや鬘《かつら》がらみの化粧品なども含めて、トータル・ファッションとして整える。一方、旧来のシステムだと、小道具や衣裳、鬘など、役割分担が異なっており、全体の統一という点では、難のある場合もある。

ただ、衣裳なら衣裳、小道具なら小道具に精通しており、いわば「専門職」であるため、時代劇になると、スタイリストは勝負にならない。

衣裳の仕事の手順は、まず台本を読むことから始まる。

「読みながらイメージしていくんですわ。この役は、どのくらいの年で身分は旗本か浪人か、背景はどう、性格はどうとか。舞台の場合は、役者さんの好みがわかってますから、それに合わせていきます。テレビは、まず監督との打ち合わせがあり、それから役者さんを呼んで衣裳合わせをします。衣裳合わせには、カメラや照明、助監督とかみんな来ます。何枚か、イメージしたものを用意して、それが通るときもあれば、通らないときもある。わたしと役者の意見が合っても、監督があかんといったら、また別のを探します」

小道具などもそうだが、担当する小物の範囲はどこからどこまでか、撮影所によって微妙に異なっている。

「うちの場合は、例えば足袋は衣裳、草履は小道具です。手拭いは持ち道具だから、小道具のあつかいですけど、ふところにいれて頬かぶりなんかするのは、衣裳です。ところが台拭きなんかは小道具なんですわ。舞台の場合は、そういうもの全部、衣裳。でも、東京は、またちがう。歌舞伎になったら、またちがって、小切れもんや帯、帯あげ、扇子、財布なんか、みんな小道具になるんです」

長い伝統があるので、衣裳部には絹や木綿などの素材別の衣裳から、織り方、縫い方、男女別、等々、あらゆる種類の衣類が蓄積されている。それでも、番組ごとに新しく誂える場合も多い。値段について、上生さんはあえて具体的に語らなかったが。

「みなさんが思っているほど、めちゃくちゃ高くはないんです。専門にあつかっているところで、わたしら買いますから。一般に売ってるのより安いんです。生地を買って、大阪にある松竹の裁縫部で縫います。紬《つむぎ》とかお召しとか、表に出したら、それは高いんですが」

鬼平に話をもどすと、当時、スタッフはA班B班の二チームあって、ほぼ同時に撮影を進めていた。ビデオではなくフィルムで、月に四本から六本を撮るのである。

「二チーム、それぞれの現場に衣裳さんがつくんですわ。わたしは、今はチーフなので、ロケに行くことは少なく、撮影所にいます。現場についた衣裳さんは、あっち行ったり、こっち来たりして、忙しい。主役の中村吉右衛門さんが、歌舞伎の人でしょ、どうしても舞台の暇なとき、スケジュールを縫って撮影するんで、現場は忙しくなります」

主役の吉右衛門をはじめ、レギュラー陣は慣れているので、衣裳としても手際よく着付けをすることができる。

着物の着付けで、大事なのは帯である。

「帯を締めるのは、力じゃなく、コツなんですわ。ちっさい人でもコツがわかれば着せられます。要所要所がキチッと締まってたら大丈夫なんです。役者さんでも慣れてる人の場合は（帯の位置が）そこじゃないといわはります。バランスなんですね」

一人の役者に着せる時間は、着流しであったら、二、三分、出張りといって当時、「御用だ、御用だ」とやる人でも、五分程度で仕上げなければならない。

「特に舞台やってる人は、リズムがあります。吉右衛門さんにも吉右衛門さんのリズムがあるんです。例えば着流しの場合、まず着物を羽織りますね。お弟子さんが、前から下に腹布団をいれて、前から帯を回してきます。わたしは後ろで紐を持っていて、前に送ります。すると、サガリというのを、お弟子さんが吉右衛門さん本人に渡します。それを本人が前からもってきはって、わたしが受け取り、前にまわします。それは本人が結んだりお弟子さんが結んだりします。もう一人のお弟子さんが、脇に立ってて、襦袢《じゅばん》をわたしにくれる。そやから、わたしが、それを着せます。一定のリズムですよね。これいったら、次はこれ、その次はこれって、リズムがあるんです。その間、しゃべったりしてます。でも五分以上かかったら、怒られますわ」

本人が着付けのできない人でも、五分から八分。お姫様でも、本人が着られる人だったら、五分。

「舞台で早ごしらえやってましたから、どんな形であっても同じです。そんなに時間かかったら、あきまへんのや。もう容赦なしですわ」

撮影用や舞台で使う着物は、別に特殊なものではなく、普通、誰もが着るものである。ただ、帯は胴だけ結ぶものと、後ろが形になっているのを使うことが多い。一本の帯で結ぶより、形になっているほうが、形はきれいにできるという。

## 頭でなく体で覚える

時代劇の衣裳は、旧暦ということもあって、基本的に夏物と冬物しかない。

「あい物いうても、今の感覚とはちがうんですよ。そやさかい、春でもまだ綿ついてますよ。夏になったら綿がなくなって、毛抜きいうんですわ。本のうえで、冬になってても、秋に撮影すると、ロケの景色がちがってくる。だから、今の季節でやるしかない。あるシーンだけ冬にする場合は、セットでするしかないですね」

上生さんは、時代劇の衣裳のほか、短期間だが定期的にコマーシャルの仕事にもかかわる。もちろん着物を担当する。

時間があいたときは、時代物の本を読んだり研究も怠らない。時代考証も大切だとは思うが、その通りには、なかなかいかないという。

「厳密にやると、衣裳もむずかしいですよ。例えば、戦後すぐに銘仙とか人絹などが流行ったけど、今、そういうものはないです。誰だったか、江戸時代に誰が生まれてたん、誰も生まれていなかったし、わからへんこともあるって。でも、そんなことといっても仕方ないので、勉強してますけど。時代考証的には間違ったまま、習慣的にやってることとって、けっこうありますよ。例えば、堀部安兵衛は元禄の人間ですよね。そやのに、安兵衛さんていったら、黒の紋付きで、だいたい決まってますわ。ところが元禄時代は、羽二重の真っ黒の紋付きで、普通はここにフクリっていうのがつくんです。ところが、舞台やブラウン管の安兵衛さんは、それがついてないしね。わたしら、そういうこと踏まえて、あえてやるんですわ。幡随院長兵衛でも、同じです」

なぜ、そういう「間違い」をあえてやるのか。

「演出家がいうんですわ。それが狙いといわれたら、わたしら、逆らえませんしね。間違っていることを、わかっていて、あえてそうするのはいいんですけど、怖いのはわかってない人がいることです。わからないまま、それが正しいと思って、やってしまう。それは困るんです」

創意工夫を凝らすといっても、裏方という立場上、演出家・監督や主役の考えや狙いを尊重しないところに仕事はなりたたない。大工が注文主の希望を無視して、自分の創意のままに勝手に建物を作れないのと、同じである。

職人というのは、理屈ではなく、技術を体で覚えこんでいる人といっていいかもしれない。あまり褒められたことではないがと断ったうえで、上生さんはそういう体験を話してくれた。

以前、歌舞伎の仕事をしていたとき、顔見せが終わって、そのあと酒を飲みに行った。つい飲みすぎて、朝まで飲んでしまった。昼の部は十時からで、なんとか遅れずに衣裳部まで行ったものの、完全に酔った状態で、上生さんは、半歩足が浮いた状態であった。

「二日酔いとはちがいますよ。ものすごく気持ちいい状態だったんですわ。お昼がすんで、ようやく酔いがさめたとき、わたし、一体なにしてたんやろかと思うて。誰からも文句きてないところをみると、ちゃんと役者さんに着せてたんですね。でも、なにも覚えてない。衣裳もまちがえてなくて。あのとき、わたし、頭じゃなくて、体で覚えてるんだなって、つくづく思いました」

どんな体調であっても、それなりの水準の仕事をしてしまう。それがプロというものかもしれない。

以前、上生さんは御薗座に出ていたとき、体調を崩して倒れてしまい、かわりに着物の着付けスクールの講師に応援を頼んだことがある。

「何十年も着付けをやってきたベテランですよ。それでも、主役の人は着せられへんいうんで、大勢さんの着付けを頼んだんです。わたしら、腰紐三本しか使わないんです。それで、衣裳部の女の子が、腰紐三本で着せてもらうよう頼んだら、その人、三本ではよう着せられませんといったんですって。もっと紐が多くないと駄目だって。それやったら、荷造りやないかと、思いましたね。わたしら、早ごしらえのときなんか、腰紐一本か、または紐なしで、帯だけでとめてしまうんです。一枚ずつ襦袢とか着せますでしょ。帯をしめ、また着物を着せて、そしたら、紐を抜いてしまうんです。また帯しめて、また紐を抜いていく。町の着付けの場合は、紐ぜんぶ残しますわ。わたしの場合は、次が早ごしらえという場合は、ほどいていく時間がもったいないんで、紐をどんどん抜いていく。

座っているだけという場合なんか、最後にとめている紐も取ってしまうんです。普通の人の着付けの場合、帯が上下に締まるんですね。わたしが着せている場合は、下がけが締まってるんですわ。そこが止まっていれば、崩れないんです。わたしは、それも取ってしまうんです」

素人には、ちょっとできない芸である。

ところで、上生さんが教わった師匠は、帯は作り帯ではなく結びなさいと強調したという。結んでいると、形になってくるし、色気も出てくる。師匠によれば、色気というのは、その人に合っていて、なんとなく、そこはかとなく漂ってくる何かである。違和感がなく、その人の体つきが、芝居のなかの役に、当たり前みたいな感じで合っているとき、色気が出るのだという。

「師匠が着付けをしたのは、見ると、すぐわかります。わたしも、たぶん、教えてもらったときの癖を、知らず知らずに受け継いでるんですね。こんなことがありました。東映の役者さんで、舞台で長いことわたしの師匠にやってもらっていた人が、あるとき、こっちの撮影所に来たんですよ。付き人と一緒に袴をはかせてたときなんですけど、付き人に、ちょっと待って、それはこうするんよって注意したんです。そしたら、その役者さん、ジャンボさん、チーフと同じ注意しますねって。帯でも、わたし、師匠と同じ位置にあててるんですって。締め具合も師匠と同じだといわれました。意識してなかったんですけど、師匠の癖を受け継いでたんですね」

## 厭と思ったら一日でもできない

ひとつの作品について、普通、現代物では一人、時代劇だと二人、衣裳がつく。一方、本編（映画のことを、映画関係者はしばしばそう呼んでいる）の場合は、規模にもよるが、三、四人がつく。

撮影が終わると、使った着物の手入れは、その都度自分でやる。洗濯は、時間があいている場合はするが、時間がないときはベンジンで汚れを拭き取って、衣裳缶に入れて保管する。

社員なので月給制だが、舞台の場合は、初日と中日に役者からご祝儀が出る。役者のご贔屓《ひいき》から、祝儀がまわってくることもある。

仕事のうえで男女の差別はないし、悪い仕事ではないが、上生さん自身は、衣裳という仕事が特に面白いと思ったこともないという。だからといって、厭だと思ったこともない。厭だと思ったら、一日でもできない仕事である。

「三年に一回、『辞める』いうんです。そしたら、チーフから、ジャンボ、やめるんだったら、結婚せえいわれたんですわ。そやったら、わたし、一生できへんやん、いうたんです」

といって上生さんは、大きな体を揺すって笑った。

現在、三十三間堂の近くにある親元から通っている。旅行が趣味だが、仕事が忙しく、なかなか休みをとれないのが、悩みのひとつである。気負わず、淡々と仕事をこなし、しかもスタッフや役者から「ジャンボさん」と呼ばれて親しまれている。

次にテレビ画面で時代劇を見るとき、衣裳に注目するとまた一味ちがった興趣をかきたてられるのではないかと思いつつ、江戸の香りと温もりが漂うような衣裳部屋を辞した。

ところで、『鬼平』だが、時代劇ファンの熱い期待にもかかわらず、七シリーズで一応制作は打ち切りとなった。原作者の池波正太郎が亡くなり、原作が尽きたというのが理由のようだ。

人気があれば原作の名前だけ借りて、マンネリになって視聴者からあきられるまで作りつづけるのが大方の例だが、ご馳走ならもう一杯食べたいところでやめておくのは、いかにも鬼平好みで、小粋な感じがする。

日本文化の柱のひとつは「粋」であったが、日に日に、それが過去の遺物になろうとしている。派手な立ち回りもいいが、やはり時代劇は、衣装や小道具などさりげない細部に、小粋に凝ってほしい。

グローバリゼーションとかで、アメリカの植民地化の傾向をいっそう強めつつある現在、時代劇は、落語などとともに日本人が日本人であることを実感できる、数少ない娯楽である。しかしそれも、今や風前の灯火となりつつある。これ以上、日本の伝統文化を衰退させないためにも、時代劇の制作関係者に頑張ってもらいたいものである。

# 15

## アニメ背景画

# アニメの現役では最ベテラン

小林七郎

よくディズニーの仕事は手伝いましたが、向こうのサンプルがくると、これがぶざまでへたくそなんです。日本人の現場の人は小馬鹿にしちゃう。「なんだ、へたくそ、俺のほうが巧いよ」と、サンプルを脇において。ところが、よくよく見ると、熱っぽさと大胆さがちがう。

## 小林学校から巣立った一一〇余人

日本のアニメーションは、国内だけでなく、世界に市場を持つ人気商品である。さまざまな言語に翻訳されて、世界各国の子供たちやアニメファンを魅了している。

筆者も二十数年前、フランスの田舎町のカフェで、手塚治虫の『リボンの騎士』が放映されているのを観て驚いた。主人公のサファイア王子も、悪役のジュラルミン大公も、フランス語のほうが似合っていたことを思い出す。なぜなら、それは物語の舞台が、ヨーロッパの中世を彷彿させるからだろう。同じように、登場人物たちがその時代を生き生きと駆け回るのは、背景に尖塔のある城や馬車、妖精の住む森があってこそではないか。

しかし、アニメ制作でスポットライトが当たるのは、どうしてもキャラクターを動かすアニメーターになり、他のさまざまなパートは脇役に甘んじているような気がする。

そのひとつが、背景である。主人公たちが住む世界を生み出す、舞台美術、小道具、時代考証などを兼ねているが、ほとんどその存在を誇示したことはない。

小林七郎さんは、アニメの背景を描いて四十年近くになる。

手がけた作品は、『新オバケのQ太郎』『ど根性ガエル』『元祖天才バカボン』『家なき子』『あしたのジョー2』『ゴルゴ13』『うる星やつら2』『タッチ』『うしろの正面だあれ』『赤ずきんチャチャ』等々、数限りない。

現在、小林さんは〈小林プロダクション〉というアニメの背景制作スタジオを率いて、メルヘン調の自然風景から、スーパーリアルな宇宙空間まで、あらゆるタイプの背景をスタッフとともに生み出している。

「わたしの会社は学校といわれてるんですよ。ここから人が育つんです。例えば、宮崎駿監督の『となりのトトロ』『もののけ姫』の美術を担当した男鹿くんも、わたしが新聞募集したここの二期生です。最初はまことに頼りないものを描いていたんですが、どんどん良くなった。情感というものは線一本にでも表れますからね。今、四十歳くらいにはなっているでしょうか」

小林学校の卒業生は一一〇人を超えるという。それぞれに自立して活躍しているが、監督や演出家に評判がいいのは、小林さんの厳しい指導の賜物だろう。

「汗をかきながら、むきになって怒ったり、喜んだりして、一人一人ぶつかり合ってきたんです。この仕事で求められるものを、どの辺で全うするのかは個々でちがうわけです。わたしは、まだまだという立場で迫るんですが。でき上がったものがすべてですから、それを通して、『もっとこうしたらどうか』『ああしたらどうか』とか、『すごいね、負けた』とか、指導していくんです。それが楽しみなんですよ。わたしの取り柄、と自分でいっているんですが、その人のいいところが見えちゃうんです。人それぞれの良さですね。人が育ったという実績を見れば、まあ、そういう目があるのかなあと」

ある種の鋳型をつくって、そのラインからはみ出たところを切り取り、ひとつの鋳型にはめる教育と、それぞれのいいところを伸ばしていく教育、なんという落差だろう。

「今の教育に最も欠落している部分です。ワンパターンに押し込めて、単一の目的のためにつっ走らせる。本質的な教育という面では、それこそ、最も直さなくてはいけないところでしょうね。このままでは、どんどんマニュアル人間が増えますすよ。わたしは、手で描く以前の問題、考え方、ものに対する姿勢、そこからチェックしていきますでしょう。彼らは下手すると『絵だけ教わりたい。プライバシーに触れてもらいたくない』というんですね。そういうのに限って、やり方はすべて要領だけ。かなり暴力的かもしれませんが、信念をもってそういい切れますよ」

一一〇余人のなかには、小林さんの要求に耐え切れず、途中でやめていった人も多い。

「そりゃあもう、それが大半ですよ。でも、やめてから何年かして、『社長のいっていたことが、最近ようやくわかった』といわれることも多いですから」

先に生まれた者が後に生まれた者に、良かれと思って語っても、なかなか耳に届かない。たとえ届いてもうわべの理解で、本当にわかるのは、たいてい壁にぶつかって真剣に悩むようになってからなのである。

## 絵を描くことしかなかった

気がついたら絵を描いていたという。もちろん、アニメで育った年代ではない。漫画にも興味がなかった。お手本は戦争絵画と講談社の絵本、厳しく美しい自然も、絵の大切なモチーフだった。小林さんは昭和七年（一九三二）、北海道常呂《ところ》郡置戸《おけと》村の農家に生まれた。七郎という名前の通り、七人兄弟の七番目である。

「たくさん産むのは、動物の保存の法則（笑）。家は畳がない、障子がない、冬は零下四十度の極寒です。生まれた置戸村の柘植山というのは、阿寒と大雪の間、太平洋とオホーツクの中間点の山の中ですよ。薪をどんどん燃しても、石油以外はみんな凍るんです。炭も食用油も布団も。生きているのが不思議なぐらい、極貧もいいとこでした。しかも戦争に負けはじめたころで、物資がなくて、着ていく服も靴もない、冬の半年は学校に行けなかったんです。それに兄たちと一緒に遊んでいても、逆立ちもできないし、落とし穴にはまって泣いていたり、谷底に落ちて死にかかったり、いつもぐずで一歩遅れるような、後をついていくだけのみそっかすでした。おかげで絵ばかり描いて過ごせましたね」

なぜ、描きたくなるのかわからない。小学生だった小林さんは、周りの木や花や動物たちに感情移入して、ただ夢中で絵を描いていた。それがなければ生きていけない、いわば存在理由だったのかもしれない。

「蹄鉄《ていてつ》職人になった長兄が、職人の修業をしながら、絵を描いていたらしいんです。『そんなものを！』と親方に叱られて。部分を見て全体を捉える、全体を見て部分を捉える、兄はそういう能力に長けていたんですよ。でも、余裕がなくてやめてしまった」

父は福井県から官吏を目指して北海道に渡ったが、挫折して農業を営んでいた。「子供は成長したら家の助けになるのが当たり前」という考え方が普通だった環境のなかで、小林さんの両親は子供たちをなるべく外に出そうと考えていた。

「子供たちはとにかく、手に職をつけようとしたんです。長姉は腕のいい洋裁の仕立て技術をもっていましたが、当時は東京の赤羽の軍需工場で働いていました。結婚半年で亭主が戦死しましてね。強制疎開で帰ったときに、満足に学校に行けないぼくを見かねて、『弟はわたしが教育します』とタンカ切っちゃった(笑)。姉は小学校二年しか行けなかったから。もう一人の育ての親は姉なんですね。それで東京の赤羽中学に入った。新制中学の一期生です。どこに行っても、絵を描いて有名になっちゃう、ずば抜けて巧かったんです。不思議ですね。いつも逆境のなかで生きているのに、絵が光を当ててくれるんです」

終戦後、長姉との東京生活も行きづまり、北海道へ引き揚げることにしたが、実家にたどり着くのに五十時間近くかかる道程の途中、次姉が嫁いでいる旭川に立ち寄った。ここに落ち着いたらどうかといわれて、旭川の高校に入り直した。

卒業後は、図工、音楽に力を入れるための代用教員として、小学校で働くようになる。戦後は文化的なこと、芸術的なこと、情操教育に重点を置かなければいけないという気風があって、むしろ東京よりもずっと、旭川は町を挙げて教育に力を入れていた。軍都・旭川から平和都市・旭川に脱皮しようと、国家的な使命感もあったわけである。

勉強はほどほどにして、子供たちと近くの丘で、絵ばかり描いて過ごす先生だった。他のほうに目が向く年齢にもかかわらず、十八から二三歳までの五年間、子供たちに夢中になっていた。

「だめな子だから前へ座らせる、とある先生がいうんですね。ところが、その前に座った子たちがいい。目がきらきらしてる。後ろの優等生はおもしろくない。正義感がむくむくとかきたてられて。劣等生にはいい先生で、優等生には良くない先生でした。若者たちもそうですが、だめな状態からどんどん良くなっていくのを見られる、これが楽しい。わたしの人生は、同じパターンを何度も何度も反復しているだけです。もちろん、改良はなされてますよ」

教員資格が必要な時代になって、美術学校へ行くことにした。絵を描きつづけることとは別に、生業としては、やっぱり教員になりたかった。

武蔵野美術学校（現・武蔵野美術大学）油絵科に入学。自由な精神が息づいていたころ、そこで出会った先輩たちに触発されて、前衛的な絵画にも目覚めていく。

「フォーブ（フォービズム）をやらなくちゃだめだとか、ニコヨンしながら絵を描けばいいんだとか、すっかり感化されて就職活動をしなかったんです。馬鹿でしょう。そうそう、球体派とかいってグループを作っていてね。先輩の唱える球体論はあったんですが、実のところは、あまりよくわからない（笑）。先輩に課題を出されて、毎週ベニヤ板二枚描いたり。半抽象ですね。本当によく描きましたよ」

## 軋轢高じて会社が起こる

美術学校を出てからは、食べるために中学の講師をしたり、ミニチュア模型を作る会社で働いたり、町工場に勤めたり、いろんなことをした。結婚したのは三一歳、町工場に勤めているときだった。子供ができるので、経済的なこともあって東映動画に入ったのが、昭和三九年（一九六四）、アニメとの出会いである。

「東映動画に入ったら、絵を描く仕事でしょう。こんな極楽みたいな楽な仕事を、一日中、好き勝手にやって、ちゃんと給料までもらえる商売、いいのかなあと思った（笑）。ところが、わたしは最初から抜群にうまいでしょう。ある程度、大きな会社ですから、先輩後輩という形が厳然としているわけです。わたしは我《が》が強いので、どうしても軋轢《あつれき》が生じて、悶々としていましたね」

それでも二年ほど勤めた。あるとき、この業界の草分け的なアニメーターの藤岡豊から、『巨人の星』をアニメ化するので、参加しないかとお呼びがかかった。人間関係の軋轢もあったから、渡りに舟で移ったのが現代制作集団だった。藤岡豊は、手塚治虫の漫画をアニメという形で盛んにした第一の功労者である。

「それで東映動画をやめて、やり始めてみたら、これがまた、初っ端からサロンムードなんですね。芸術家気取りで、酒ばっかり飲んで、仕事をしないんですよ。わたしは職人でしょう、肌が合わない。俺たちは絵描きだからとかいって、変なプライドを固持するんです。芸術至上主義を主張して、思い上がったやつもいるんですよ。自己陶酔というか、絵描きって、そういうくだらないところがあるんです。わたしにも、ないとはいえないけど」

四年ほど仕事をして、昭和四三年（一九六八）にフリーになった。小林さんの真実を突く歯に衣着せぬ物言いは、芸術家気取りたちとの口論になる。熱っぽさは今でも十二分なのに、若き日の小林さんなら、なおさらだ。おそらくは、またしても軋轢というやつだったろう。

『巨人の星』を撮った総監督から、いっそ自分で会社をつくったらどうかと勧められた。

「わたしは職人というか、描き屋ですから、会社なんて発想がまったくなくて、そうかなあと。そのときに、『やってみたら』と家内が協力してくれまして。武蔵美から人を集めたりしましたが、今は募集しても武蔵美からなんて来ませんよ。二期生として新聞募集したときに、ふらふらとやって来たのが男鹿くんでした。彼の前後に、ずいぶんいい人材がいましたね」

フリーになった同じ年に会社を興した。小林プロダクションの誕生である。

アニメといっても背景専門である。動画とはちがって、絵画やイラストに近い。しかも背景だけだから、人間や動物などのキャラクターは描かない。いわば舞台である。

具体的な仕事の体制としては、テレビシリーズで三十分番組（正味二二、三分）一本につき五、六人が一チームを組んで、一週間で仕上げる。動画数は平均四千枚から五千枚、カット数三〇〇前後、一カットのなかに、キャラクターの動きに応じて、それに伴った背景が二〇〇枚くらい必要になる。

「ですから、土曜日も入れて一人が一日六、七枚は描かなくちゃいけない。一枚描くのに一日かかる絵もあれば、ほんの数分で仕上がる絵もあります。作品の内容次第ですね」

小林さんは簡単にいうが、どう考えても一枚平均一時間半以上はかけられない。小林チェックも入るから、描き直しもあるだろう。彼らは一体何時間労働なのだろうか。

「そう、かなりハードなんです。今、彼らの声がほとんど聞こえないでしょう。すべての時間とはいわないけれど、夢中になれる瞬間が必ずあるはずです。描くことの喜び、それをもてなければやれませんよ。それがこの仕事の最大のメリットですね」

小林プロダクションには、現在十六人のスタッフがいる。二班体制でシリーズ番組二作品を受け持っているが、スムーズに運営していくためには、特定の得意先と密接な関係を築いたほうがいいだろう。しかし、小林さんはマンネリ化を避けるために、完全にフリーな立場を取っているという。どこからでも自由に仕事を引き受けることができる反面、不定期になる恐れもあるが、あえてもたれ合いのぬるま湯から飛び出したのである。

「職人の慣れ事と人間関係の馴れ合いが、わたしは最も嫌いなんです。ゼネコンを取り巻く関係がまさしくそうですね。馴れ合いで腐り切ったんですよ。まあ、余談ですけど。この作品で一発当てようとか、意気込みのあるところから仕事がきますから、常に新しい挑戦を余儀なくされて、自分たちの力を問いかけることになるわけです。リスクはありますが、今のところ、これまでの実績が生きているのか、安定供給に近いですよ」

## ウォークマンをして仕事をするな

スタッフとして入ってくるのは、男性も女性もいるだろう。比率としては、男性のほうが少し多いそうだ。長年の指導のなかで、性別のちがいは、小林さんにはどう映っているのか。

「体力とか将来性を考えると、昔はやっぱり男の子にかけていました。ところが、そういう時代はもう終わったようです。女の子のほうがたくましいというか、やることに全部、自分を存在させるんです。そうはいっても私は私、みたいな。それが作品に出ます。感動する仕事をするのは女性のほうです。男は巧さを追求しますけど、基点がないんです。すぐよそ見する、マニュアル人間になりやすいのが男の子なんです。男ってやつは、外に目が向くもんですからね。内がお留守になるんです。そういう生き物なんです。現実が厳しければいいんですが、男にとって食うことは楽でしょう、今は。でも、うわつく目線もあると同時に、目線は広いですから、その広さを生かすといい。広いがために欠けている部分を補ってやらないといけませんが。男の子は周りに対して自己防衛本能が働くのか、気づかいはあるけど、ひ弱なんです。野放図なバイタリティのようなものが感じられないですね」

新しくスタッフとして入ってきた人が、使えるか使えないか、素質があるかないか、ある程度はわかるものだろうか。

「わからなくなりました。だいたい口に騙されるんです(笑)。いいことをいうなあ、これはすごいと思っていたら、結構それなりのものを持ってきますが、かなり取り繕いがうまい。反対に口下手でも、そういう人のほうが伸びる場合もあるんです。本当にぶきっちょですから、最初はもたつくんです。そのままではだめになる、下手すると。そこでチャンスを見て、長所にフィットした仕事を与えて、責任をもたせますと、ぐんと伸びますね」

仕事をするとき、やりやすい独自のスタイルでいいか、例えばイヤホンで音楽を聴きながらでもいいかどうかを訊ねてみた。答はわかっているような気もしたが。

「いるんですよ、そういう馬鹿が。まあ、初めはやらせておきます。そのうちに上の空のことをやりますから、怒鳴りつけるんです。スタジオジブリの宣伝フィルムを見ていたら、ウォークマン族がかなりいましたね。いいと思って、真似をしているんですよ。そういう環境で人は育ちません。雑念や苛立ちがなくて済みますから、一見、快調なんです。貴重な時間を、そういう体験を蓄積していく怖さ。もの作りの世界で、あってはならないことですよ。わたしが嫌われるのは、こういうことをはっきりいうからなんです。でも、はじかれていないのは、なにがしかの腕があって救われているんでしょう。事あるごとに批判しても、表立って下手なことをいってはまずい、とみんな反応がない。日本の国ってそういうお利口さんばかりですよ。相変わらず、まるでいいたい放題だな(笑)」

ルーティンワークとしてパターン的に描くだけなら、ウォークマンをしていてもいい。実際、どの作品でも、同じ花、同じ背景を描く人も多いらしい。しかし、小林さんは一作ごとに、新しいパターン、新しいイメージの世界を描くことにこだわる姿勢を崩さない。

「ワンパターンにうんざりするから、宮崎（駿）さんは、『だったらカラー写真でいいじゃないか』となるんです。陳腐な自己流よりは、平凡な写真のほうがましだから。そういう気持ちにさせたのは、描き手の側にも責任があります。それにスタジオジブリは背景のスタッフをもってませんから、作品ごとの寄り合い所帯になるんです。そのままでは一人一人が勝手なことをやって収拾がつかなくなる。で、質を均一に保つために、カラー写真のようなノーマルなリアリズムにするわけです。一見、きれいだけど、やっぱりきれいごとにすぎなくて、背景本来の魅力からは遠くなるし、いつまでも人が育たない。彼は確かにすばらしい作品を生み出す大作家かもしれないけど、ぼくはその開き直りには不満ですね」

小林さんは二十年ほど前、宮崎監督の実質的なデビュー作ともいえる『ルパン三世・カリオストロの城』の美術監督を手がけている。それ以来かかわっていないのは、求める方向性を異にすることに気づいたからだろう。物事を曖昧にしない姿勢は壮快だ。

ディズニーについても、認めるところは認め、気にいらなければ率直に審判を下す。

「民族のちがいで、日本人には日本人の良さがあるんでしょうけど、日本のアニメはしょせん小づくりで、小ぢんまりしてますね。逆立ちしてもディズニーにはかなわないです。スケールがちがいますよ。よくディズニーの仕事は手伝いましたが、向こうのサンプルがくると、これがぶざまでへたくそなんです。日本人の現場の人は小馬鹿にしちゃう。『なんだ、へたくそ、俺のほうが巧いよ』と、サンプルを脇において。ところが、よくよく見ると、熱っぽさと大胆さがちがう。だからぼくは、『ほら、ここを見ろ、こんなにすごいんだぞ』と、いうんです。ディズニーに対してだけじゃなく、ほとんど彼らはそうなんですよ。自己流で、自己満足で、自分のやり方がいいと思って、限りなくレベルダウンしていくんです」

ところで、ディズニーはフルデジタルにしたそうですよ、と話題を向けると、小林さんは納得したようにこういった。

「ああ、それで気持ち悪くなっちゃったのか。フルデジタルというのは、人間の触覚に非常に逆らいますよ。視覚と触角とは別でしょう。触角を満たしてくれないですね」

## 北海道の自然のなかでもう一度

『家なき子』は、小林さんにとって思い出深い作品のひとつだ。昭和五二年(一九七七)に放映された日本テレビの二五周年記念番組で、制作スタッフも特に力を入れたものである。そのとき、小林さんはプロデューサーや監督たちと、ロケハンのために、物語の舞台であるフランスを訪れた。

「背景を描くにあたって、建築物がまずちがう。ヨーロッパの土を見よう、土地を感じようと思って行きましたね。つまり、建物というのは、その土地の気候に合わせるだけでなく、その土地にある材料を使って建てたはずなんです。北ヨーロッパなら木、南ヨーロッパなら石とか漆喰でしょう。あとは肌で感じる気候風土。パリからノルマンディーへ出て、ピレネー沿いに南下して、地中海に出て、ゴッホがいた町、そして主人公レミが生まれた町を訪れました。ほとんど観光客の行かない中部フランスで、『木を植える男』という絵本がありますが、まさにあそこなんです。本当に荒れ果てた土地です。それからまたパリへ戻ったんですが、十日間で六〇〇キロを走りました」

総監督が出崎統というのも、印象に残る作品になった要因のひとつである。

出崎監督とは、『ガンバの冒険』『エースをねらえ!』『明日のジョー2』などで、小林さんは美術監督として組んだ。

「この作品はもう終わって、ほかの仕事をやっているのに、出崎さんは『レミは…』なんていい出すんです。それだけ感情移入しているんですね。すばらしい監督ですよ。彼は絵コンテも描きますから、ペンネームを持っていて、サキマクラというんですが、お先真っ暗ということなんです。常に未知なるものにかけるわけです。このとき、レミはどう思うだろう。自分だったら、こうだよと、シナリオ通りにやらない。だから遅れるんです。でも、すばらしいものが上がってくる。シナリオライターは怒りますよ(笑)」

出崎さんへの賛辞は、小林さんの唱えるプロとしての姿勢でもある。

限りなく地道な反復と確かな基礎訓練を積んだうえで、しかもそこに安穏としないこと。そうでなくてはプロとは呼べない。小林学校では、物の見方、物の捉え方から始まる。例えば、木を一本描く。ただ漫然と見ていても、木の本質をつかめなければ描けない。

「木は川の流れと同じだ、と想定するとします。本流（幹）があり、支流（枝）があり、湧き水（葉）がある。そこまでは地上部分で、まあ、わかりますよね。ところが、彼らは地面の下を意識しないんです。本流はザァーッと海（根）へ流れ込むわけでしょう。上に出ている部分と下にある部分と、物量的にはちがっても、命の密度からすればイコールだと思うんです。そういう想像をしながら見るのと、あるものを単なる輪郭として見るのでは、雲泥の差がありますよ。ただぼんやりと眺めているだけでは、木じゃなく電信柱です」

なぜ、意識できないのか、捉えられないのか。それは日頃からの物との接し方にもかかわってくる。今の二十代、三十代の生まれ育った環境は、多くの音声とビジュアルに囲まれていて、それに対応するか、選択する形で成長してきた。常に初めから受け身である。都会人がそうだといえば、都会だけではなく、地方も似た環境になりつつある。

「想像力、洞察力、理解力、そして物を把握する力があってはじめて、交流ができるんですよ。自然というのは、一見、何も発していない。ものをいわないでしょう。静かにしか発していないから、こっちが積極的になってはじめて、接点ができるんです。見えない物、聞こえない物、それらに対して、何らかの手だてを見いだす、その一点だと思うんです」

永遠にやれるわけではないから、小林さんはいずれ誰かに跡を継がせたいと思っている。まだまだ先かもしれないが、考えておかなければいけない。今、盛んに「後を引き受けてくれよ」と何人かにいっているらしいが、「自信がない」とみんな及び腰だという。

引退したら、北海道で暮らすことも選択肢のひとつに入れている。たまに向こうに行くと、なぜか体調が良くなるからということもある。

「これは以前から感じていたことなんですが、なんだか体の芯が柔らかくなっちゃうんです。睡眠時間も短くてすむんです。東京じゃ、睡眠が短いと、寝不足がひどいんですよ。やっぱり、生まれたところの磁場もあるのかな」

スタッフを全員引き連れて、会社まるごと北海道へ移住するのはどうだろう。

広いスペースでのびのびと仕事ができるだけでなく、モチーフがふんだんにある。日々、自然と触れ合える環境で、絵を描けるのは理想ではないか。今は宅急便もあるし、通信手段もいろいろある。そういう点では、もっと便利な時代になるにちがいない。

「人材教育なんていって、実は自分が育つために人を育てているんですよね」

誰かに引き継ぐ前に、もう一度、北海道の自然のなかで、本物の体験学習をプログラムに加えて、小林学校を開いてもらいたいものである。

# あとがき

以前、ある役人と、たまたま車に乗り合わせたとき、車窓から目に入ってきた豪華な公会堂かなにかの建物を指して、彼は、「これは、わたしが作った建物だ」と誇らしげに話していた。

そのとき筆者は、瞬間的に、思ったものだ。ちがうだろう、建物を作ったのは、むしろ、設計者であり、大工をはじめとする職人たちではないのかと。

重要なパートを担いながら、縁の下の力持ちになって、光のあたることの少ない職人という職業。テレビ芸能の世界でも、同じである。

密かな自負はありながら、主役の俳優や監督、脚本家、あるいはプロデューサーのように、これは自分の作品だと声を大にしてはいいにくいところがある。あくまでも陰にまわって、人目につかないところで、光のあたる人たちを影で支える専門職。彼らを称して「裏方」とは、よくいったものである。

仕事のうえでは目立たない存在だが、その一人一人は個性的で、じつに面白く、ユニークな経歴の人も多い。放送局の現場スタッフとして、また脚本家として、彼らに直接、間接に接するうち、いずれ彼らのことを書いてみたいと思うようになった。

幸い朝日出版社の村上直哉氏が、筆者の話にのってくださり、実現することになった。

十五種十五人の選択は、香取と箱石が話し合って決めた。

基準はただひとつ「職人」に値する技量や経験、芸の持主であること。

いずれの方たちも、その分野を代表するプロで、これまですぐれた仕事をしてきた職人芸の持主である。

昔気質の職人のように口の重い人もあれば、鬱積していたものを率直に吐きだすように語る人、下手な芸人顔負けの達者な語りを披露する人、身振り手振りをまじえて訥々と語る人など、取材時の姿勢や声などが、今も記憶に強く残っている。

筆者など初めてきく仕事もあり、取材は発見と新鮮な驚きの連続でもあった。テレビは、こういう人たちの地道な仕事に支えられていることをあらためて知らされ、以後、テレビを見る姿勢が、少々変わったくらいである。

テレビの裏方には、今回とりあげることのできなかった職種が、まだ何十となくあり、そこでは、ここに登場願った人たちと同様、個性的な人たちが黙々と仕事をしているにちがいない。機会があれば、さらにその人たちにも触れてみたい。

いずれにしても、快く取材に応じてくださった方々に、あらためて感謝いたします。そして、仲介の労をとってくださった関係者のみなさん、ありがとうございました。

遠藤克己、高野宏一、美山晋八、小川晴子、荒川洸、橋本正二、小林七郎、各氏の項は箱石桂子が、原田靖子、河村正敏、髙橋勝大、福井崚、片山嘉宏、飯田国雄、山本泰治、上生和代の各氏は、香取俊介が執筆しました。

尚、殺陣師の美山晋八氏と時代考証の荒川洸氏は、取材時はお元気であったが、その後、病のため不帰の人となられました。ご冥福をお祈りいたします。（香取俊介）

《著者略歴》
**香取　俊介**　1942年、東京生まれ。東京外語大学卒。NHKをへて脚本家に。ホーム・ドラマ、ミステリー・ドラマ、文芸ドラマなど多数のテレビドラマを執筆。近年は、ノンフィクションと小説を主に執筆。著書に『もうひとつの昭和』(講談社)、『モダンガール』(筑摩書房)、『山手線平成綺譚』(東京創元社)、『由布院温泉殺意の帰郷』(廣斉堂出版)、『謎・第三の男』(学陽書房)、『ロシアン・ダイヤモンド』(徳間書店)、『マッカーサーが探した男』(双葉社)『やっぱりヘンなニッポン』(双葉社) などがある。

**箱石　桂子**　1953年、大阪生まれ。関西大学卒。広告プロダクションをへてフリーのコピーライター、ライターに。著書に『木の家具工房』(双葉社)、『そばの本』(双葉社／共著) がある。現在、陶芸雑誌『陶磁郎』(双葉社)、科学技術情報誌『TRIGGER』(日刊工業新聞社) に連載中。

**テレビ芸能職人**

2000年12月20日　初　版

[検印廃止]

著　者　香取俊介・箱石桂子

発行所　株式会社朝日出版社
代表者　原　雅久
101-0065 東京都千代田区西神田3-3-5
電話 03-3263-3321　FAX 03-5213-9283
振替口座 00140-2-46008
http://www.asahipress.com/
印刷所　図書印刷株式会社


ISBN 4-255-00066-2　Printed in Japan